알케미 동굴의
비밀 지도와
영원의 불꽃

중학생을 위한 판타지 화학 교과서

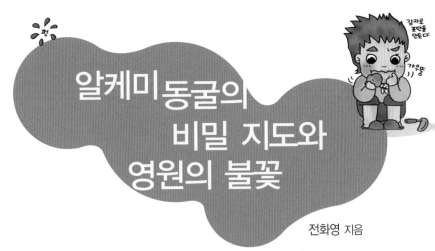

알케미 동굴의
비밀 지도와
영원의 불꽃

전화영 지음

살림

Welcome to the fire world!

안녕. 내 이름은 케미야. 무슨 이름이 그러냐고? 눈치 빠른 친구들은 벌써 알아차렸을텐데 혹시 아직까지 모르는 친구를 위해 내 소개를 하지. 케미스트리-chemistry, 즉 '화학'을 뜻하는 이름이야. 여긴 내 여자 친구 마리.

안녕. 내 이름은 마리. 마리올로지-mariology(?)와 아무 상관없이(^^;), 마리 퀴리의 이름을 딴 거야. 여성 과학자 하면 딱 떠오르는 그 이름이지. 물론 난 마리라는 이름에 걸맞게 빼어난 미모와 실력을 겸비하고 있어. 그렇게 수준 높은 내가 왜 케미 같은 애랑 친구하냐고? 그거야 나의 인격이 뛰어나기 때문이지. 내가 안 놀아주면 누가 상대해주겠어?

마리, 오버한다. 내 비록 너보다 실력은 딸리지만 불 내는 거는 전문이야~. 그리고 이 책은 불꽃이 가장 중요한 테마라고.

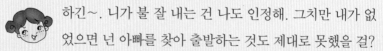

하긴~. 니가 불 잘 내는 건 나도 인정해. 그치만 내가 없었으면 넌 아빠를 찾아 출발하는 것도 제대로 못했을 걸?

하, 하긴 그건 맞네. 인!정! 그래도 어디까지나 주인공은 나라고, 그걸 잊지마셔~.

 흥, 다음에 내가 주인공이 되면 실컷 구박해줘야지. 이제 잘난 척 그만하고 본론으로 들어가시지 그래~.

 그래, 맞다. 우리가 겪은 모험을 소개하려고 했었지? 살짝만 얘기해야겠다. 동그랗고 파란 촛불은 어떻게 만들까~요? 양초 시소는 어떻게 만들까~요? 또, 감자 대포는 어떻게 만들까~요? 궁금하시죠?

 이제 여러분을 너울거리는 불꽃과 짜릿한 폭발이 있는 모험의 세계로 초대합니다.

Welcome to the fire world!

차례

알케미 동굴의 비밀 지도와 영원의 불꽃

프롤로그

사이언랜드는 날이 갈수록 과학 기술에 대한 투자가 인색해지는 것을 안타까워한 한 과학자가 자신의 사재를 털어 사방이 산으로 막혀 있는 아늑한 땅을 산 것이 그 시작이었다. 이 사실이 과학자들에게 조금씩 알음알음으로 알려져 뜻 있는 과학자들이 가족들과 함께 이곳에 정착하여 작은 공동체를 이루며 살게 되었다.

사이언랜드는 이름에 걸맞게 모든 정책의 최우선을 과학 교육에 두었다. 모든 중요한 정책은 마을 사람들이 선출한 장로들에 의해 결정되며, 이들은 중요한 일이 생길 때마다 과학자 특유의 논리와 상식에 근거하여 열띤 토론을 벌인 후 가장 합리적인 정책을 결정하곤 했다. 그리하여 사이언랜드에서는 환경 오염을 막기 위해 친환경적인 정책에 힘썼고, 그 결과 밤하늘의 별들이 땅으로 쏟아질 것처럼 많았다.

초대 장로회 의장으로 추대되었던 과학자는 노벨상을 받았던 사람으로 지금은 사이언랜드의 묘지에 안장되어 있으며, 그의 이름을 딴 폴링 스쿨은 과학적 재능이 뛰어난 아이들만이 들어갈 수 있었다. 이곳은 값비싼 실험 도구들을 마음껏 쓸 수 있었으며 언제나 실험실이 개방되어 있어 모든 아이들이 입학하기를 꿈꾸었다. 폴링

스쿨을 졸업하는 학생들에겐 상급 학교에 진학할 때 모든 경비가
지급되었다.

　케미와 마리는 폴링 스쿨에 다니는 학생들이다. 친구들은 케미의
폴링 스쿨 입학을 불가사의 중의 하나라고 말하곤 하였다. 케미는
공부를 그리 잘하지 못하였기 때문이다. 어찌되었건 케미는 현재
폴링 스쿨을 다니고 있으며, 어려서부터 함께 자란 마리와는 둘도
없는 단짝이었다.
　케미는 자신의 인생에 대해 이렇게 말하곤 하였다. 자신은 폴링
스쿨을 졸업한 뒤 과학 명문학교인 칼텍에 진학하여 반드시 자신
의 손으로 멋진 폭탄을 만들고야 말겠다고. 그리고 자신이 꿈꾸고
있는 미래에 대해 추호의 의심도 품지 않았다. 그 날이 오기 전까
지는…….

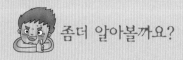

과학사 속의 폴링Linus Carl Pauling

폴링은 1954년 화학결합의 이론을 정립하고 이를 성공적으로 응용한 공로로 노벨 화학상을 받았다. 또한 그는 세계적인 반핵운동에 앞장섰던 공로로 1962년 노벨 평화상을 수상하기도 했다.

놀라운 기억력과 상상력으로 유명했던 폴링은 논리적인 접근보다는 자신의 천부적인 직감을 바탕으로 얻은 추측을 바탕으로 문제를 해결하는 독특한 재능을 가지고 있었다.

그러나 말년에 이르러 폴링은 자신만의 아집에 빠져버리고 말았다. 확실한 근거도 제시하지 않고 비타민C가 감기와 암에 특별한 효과가 있다는 주장을 하면서 스스로 엄청난 양의 비타민C를 매일 복용했다. 하지만 그는 결국 암으로 세상을 떠났다. 이러한 오점에도 불구하고 화학 결합의 본성을 밝힌 그의 업적은 매우 큰 것이었으며, 노벨 평화상까지 받음으로써 행동하는 지식인의 양심을 보여주었다.

엄마

이제 3일 뒤면 케미의 14번째 생일이다. 생일 선물을 받을 생각을 하니 케미는 벌써부터 기분이 좋았다.

'마리한테는 재미있는 추리소설을 사달라고 해야지. 그리고 엄마한테서는 멋진 망원경을 사달라고 해야겠다.'

딱!

"아야!"

선물을 받는 단꿈에 빠져 혼자 싱글벙글 웃고 있던 케미의 머리 위로 갑자기 분필 한 개가 날아들었다.

케미는 정신이 번쩍 들었다.

"케미, 일어서라."

과학 선생님 패러데이가 무서운 얼굴로 케미를 바라보고 있었다.

도무지 실력이 없어 누군가가 뒤를 봐주고 있는 것이 틀림없다는 소문이 떠돌고 있는 선생님이다. 두려워하는 것이 없는 케미가 유일하게 두려워하는 사람이기도 했다. 그는 유달리 케미를 미워하였고, 케미는 늘 그 앞에서 전전긍긍하곤 했다.

'난 죽었다. 하필이면 패러데이 시간에 걸리다니. 오늘 진짜 운수 나쁘네.'

케미는 체념하고 패러데이 선생님의 처벌을 기다렸다.

"설명은 안 듣고 뭐하고 있는 거냐?"

"들었는데요……."

기어 들어가는 목소리로 겨우 대답하자 패러데이는 눈을 가늘게 떴다.

"들었다고? 좋다. 그럼 양초의 불꽃에 대해 설명해봐!"

"양초의 불꽃이요?"

곁눈질로 살짝 보니 마리가 책에 뭔가를 적어 보여주려고 하고 있었다. 하지만 패러데이 선생님의 눈치를 보느라 제대로 볼 수가 없

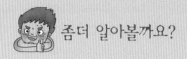

과학사 속의 패러데이Michael Faraday

　패러데이는 영국의 어느 대장장이 집에서 태어났는데, 형제가 열 명이나 되었다. 초등학교도 제대로 마치지 못한 패러데이는 신문배달원이 되었고, 열네 살이 되던 해 좀더 돈벌이가 되는 제본소로 자리를 옮겼다. 제본소에서의 7년은 그에게 커다란 행운을 가져다 준다. 그곳에서 그는 수많은 귀한 책들을 마음껏 읽을 수 있었기 때문이다. 특히 마르셀 부인이 쓴 『화학에 관한 대화』라는 책은 과학에 눈을 뜨는 계기가 되었다.

　어느 날 한 손님이 그에게 당시 영국의 유명한 과학자였던 데이비의 과학 공개 강좌 입장권을 선물하였다. 패러데이는 강의내용을 하나도 빠짐없이 적어서 한데 묶어 3백여 쪽이나 되는 책으로 만들었다. 패러데이는 데이비에게

이 책을 선물하였다. 데이비는 크게 감격하여 패러데이를 채용했다. 비록 궂은 일이었지만 그는 성실하게 일을 배워나갔고, 조금씩 패러데이의 능력이 빛나기 시작하였다. 그리고 몇 해가 지나자 패러데이는 데이비보다도 더 훌륭한 과학자가 되었다.

그는 크리스마스 휴가 때 소년, 소녀를 위해 알기 쉬운 과학 이야기를 해주는 것을 처음 시작하였다. 그리고 그 강연은 오늘날에 이르기까지 왕립 연구소의 유명한 교수들에 의해서 계속되고 있다. 그의 유명한 『양초 한 자루의 화학사』는 여섯 차례의 크리스마스 강연들을 모아놓은 것으로, 그의 강연은 도중에 불꽃이나 소리가 나고 수소를 채운 비누방울이 천장으로 올라가기도 하는 등 각종 스펙터클한 효과들이 가미된 것이었다. 그는 다음과 같은 말로 촛불에 대한 강연을 끝맺었다.

"이제 저는 여러분의 생명이 양초처럼 오래 계속되어 이웃을 위한 밝은 빛으로 빛나고, 여러분의 행동은 양초의 불꽃과 같은 아름다움을 나타내며, 여러분들이 인류의 복지를 위한 의무를 수행하는 데 전 생명을 바쳐주기를 간절히 희망하면서 이 강연을 마칩니다."

었다. 케미는 마리가 적어준 것을 보려고 애를 쓰다가 그만 포기하고 말았다.

　"양초의 불꽃은……, 저……, 그러니까, 뜨겁습니다."
　"와하하-."
　반 친구들이 전부 웃어댔다. 하지만 패러데이 선생님의 표정은 점차 싸늘해지고 있었다. 그 얼굴을 본 케미는 곧 폭발이 일어날 것이라는 조짐을 읽고 모든 것을 포기한 채 고개를 떨구었다.
　"케미, 당장 교실에서 나가!"
　"예?"
　화를 낼 거라는 예상은 했지만 밖으로 나가라는 말에 당황한 케미가 패러데이를 올려다보았지만 그는 가차 없이 다시 말하였다.
　"내 수업 시간에 딴 생각을 하고 게다가 거짓말까지 하다니 용서할 수 없다. 너 같은 학생은 가르칠 수 없어. 당장 집으로 가!"
　노발대발하는 패러데이의 기세에 눌린 케미는 결국 주섬주섬 짐을 챙겨 학교를 나섰다.
　"수업 시간에 딴 생각 좀 했다고 쫓아 내다니. 자기 수업이 얼마나 졸린 지도 모르면서. 그나저나 큰일이네. 엄마가 알면 걱정하실 텐데……."

　케미는 엄마와 단둘이 살고 있었다. 아빠는 케미가 아주 어렸을 때 돌아가셨다고 했고, 친척도 없었다. 케미가 어렴풋하게 느끼기에 엄마는 뭔가 비밀이 많은 것 같았다. 평범한 아줌마처럼 행동하지만 어떨 땐 케미가 깜짝 놀랄 만큼 박식한 모습을 보여주기도 하였기 때문이다. 엄마는 학교 근처에도 가본 적이 없다고 극구 부인했지만 엄마의 지식은 단순히 학교를 졸업한 수준이 아니었다.

그리고 아빠에 관한 이야기는 거의 해주지 않으셨다. 매우 훌륭한 분이었다고 하셨을 뿐이다. 어렸을 적에는 아빠가 보고 싶어 베개를 적신 날도 많았지만, 엄마가 남몰래 흐느끼는 것을 보면서 차마 아빠에 대해 물어볼 수가 없었다. 엄마가 슬퍼하실 것 같아서였다.

밤중에 엄마가 흐느낄 때면 케미는 자신이 깨어있음을 엄마가 눈치 챌세라 잠든 것처럼 숨소리를 더욱 높이곤 하였다. 아빠가 안 계시는 지금 엄마에게 자신이 어떤 존재인지를 잘 알고 있는 케미는 집으로 향하는 발걸음이 더욱 무거웠다.

'엄마한테 뭐라고 둘러댈까? 몸이 아파서 일찍 왔다고 할까? 아님…….'

이런 저런 생각을 하다가 어느새 집 앞에 이른 케미는 엄마 몰래 집 안으로 들어가기 위해 살금살금 부엌 창문 쪽으로 가서 발끝을 세우고 집 안을 둘러보았다. 다행히 엄마의 모습은 보이지 않았다. 케미는 현관으로 가서 소리 나지 않도록 조심스럽게 문을 열고 집 안으로 들어갔다. 이상하게 집 안은 너무나 조용하였다. 문득 케미는 불길한 생각이 들어 허겁지겁 엄마 방문을 열었다. 방 안은 폭

격을 맞은 듯 난장판이 되어 있었다. 엄마에게 무슨 일이 생겼을지
도 모른다는 생각이 들자 심장이 터질 듯이 빨리 뛰기 시작하였다.
휴대 전화기를 꺼내 엄마의 번호를 누르는 케미의 손이 부들부들
떨리고 있었다. 손이 너무 떨려서 번호를 누르는 데도 한참이 걸렸
다. 겨우 엄마에게 전화를 걸었지만 불안했던 마음이 현실로 나타
났다. 엄마의 전화기가 꺼져 있었던 것이다.

　케미는 당황해서 어쩔줄 몰라 한동안 멍하니 서 있었다. 그때였
다. 전화기의 벨이 소란스럽게 울리기 시작하였다. 갑작스런 전화
벨 소리에 놀라긴 했지만 케미는 엄마이기를 간절히 바라면서 서둘
러 전화를 받았다.

"여보세요, 여보세요, 엄마?"

전화기에서는 지직거리는 소리가 날 뿐 아무런 말도 들리지 않았다.

"여보세요, 여보세요?"

잠시 지직거리는 소리 사이로 엄마의 목소리가 들렸다. 소리는 작았으며 거의 알아들을 수가 없었다. 케미가 간신히 들은 것은 단 두 마디뿐이었다.

"……알케미……부엉이."

그리고 전화는 끊어지고 말았다. 케미는 전화기로 엄마의 위치를 추적하기 시작하였다. 하지만 화면에 나타난 엄마의 위치는 이미 사이언랜드가 아니었다. 케미는 사이언랜드 장로회 의장에게 이 사실을 알리고 도움을 청했다. 즉각 장로 회의가 소집되었다. 케미의 14번째 생일 3일 전이었다.

알케미동굴

다음 날 케미 앞으로 기묘한 메일이 발송되어 왔다.

케미, 엄마는 아빠를 만나러 간다.

발신자는 엄마였다. 돌아가신 아빠를 만나러 간다니……. 케미는 머릿속이 뒤죽박죽되는 것만 같았다. 마을의 장로회에서도 메일의 내용을 두고 여러 가지 얘기가 오갔지만 뾰족한 해답은 나오지 않았다. 이렇게 지지부진한 상태로 시간이 지나가자 케미는 답답해서 미칠 지경이었다. 케미가 학교에 나오지 않자 걱정이 된 모양인지 마리가 집으로 찾아왔다.

"케미, 너 괜찮아?"

"어떻게 된 일인지조차 확실하지 않으니 답답해 죽겠다."

"사람들이 그러는데 아빠를 만나러 가셨다며? 그게 정말이야?"

"잘 모르겠어. 그런 내용의 메일이 오긴 했는데, 도무지 믿을 수가 있어야지."

"케미, 혹시 말이야. 너네 아빠 정말로 살아계신 거 아냐? 그래서 엄마가 급히……."

"나도 그랬으면 좋겠는데, 자꾸 불길한 생각이 들어. 그랬다면 왜 엄마의 방은 엉망이 되었고, 지금 연락이 안 되는 걸까? 그리고 왜 나한테 아빠가 살아 계시다는 것을 말하지 않았을까?"

"하긴 너한테 숨길 이유가 없었을 텐데……."

"더 이상은 답답해서 그냥 못 있겠어. 내일은 알케미 동굴에 가볼 거야."

"알케미 동굴. 거기엔 왜?"

"엄마랑 마지막으로 통화를 했을 때, 제대로 못 듣긴 했는데 분명히 알케미하고 부엉이라는 말을 들었어."

"알케미, 부엉이가 무슨 뜻이지?"

알케미는 마을 뒤편에 있는 에트나 산의 중턱에 있는 동굴 이름이었다.

"뭔지는 모르겠지만 일단 내일은 그 동굴에 가볼 거야."

"케미, 나도 같이 갈래. 내가 도움이 될 수 있을 거야."

"말은 고맙지만 위험할 지도 몰라. 나 혼자 갈 거야."

"그렇게는 안 되지. 나랑 같이 안 가면 우리 아빠한테 다 불어버린다."

마리의 아빠는 장로회 의장을 맡고 있는 엄격한 분이셨다.

"아, 이거 참……."

"나도 같이 갈래. 언제 갈건데?"

"내일 아침 일찍."

"알았어. 그럼 내일 아침 일찍 올게. 힘내."

마을 뒤편에는 에트나라는 이름의 큰 산이 있었다. 그 산에는 여러 개의 동굴이 있었는데, 그 중 가장 큰 것이 알케미였다. 동굴의 이름은 옛날 옛적에 그곳에서 누군가가 연금술 실험을 하였던 내력 때문에 지어졌다고 한다.

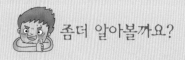

좀더 알아볼까요?

연금술鍊金術, alchemy이 무엇이죠?

에트나 산에 있는 동굴의 이름인 알케미란 연금술이라는 뜻입니다. 연금술이란 기원전 알렉산드리아에서 시작하여 중세 유럽에 퍼진 주술적 학문으로, 값이 싼 물질들을 이용하여 귀금속을 만들어내는 것을 목표로 삼았었지요. 이 과정에서 필요한 촉매인 '철학자의 돌(philosopher's stone)'은 금속을 바꿔 줄 뿐 아니라 인간에게 불로장생을 부여하는 힘을 가진 것으로 여겨졌답니다. 수많은 과학자들이 연금술에 매료되어 '철학자의 돌'을 찾으려고 애썼지요. '철학자의 돌'에 대한 모티브는 그 후로 많은 작가들에게 영향을 미쳤는데, 해리 포터 시리즈 중 첫 번째인 『해리포터와 마법사의 돌』은 철학자의 돌을 흉내 낸 것이랍니다. 연금술이 얼마나 많은 부분에 영향을 미치고 있는지 아시겠지요? 철학자의 돌을 찾기 위한 소동은 보일이나 라부아지에에 의해 근대적 원소관이 확립되기까지 엄청나게 많은 영향을 미쳤습니다. 우리가 잘 알

고 있는 뉴턴과 같은 대과학자가 연금술에 심취하여 말년에 이상 증세를 보였
다는 것은 잘 알려진 이야기지요. 그러나 영국의 과학자 로버트 보일이 그의
저서 『회의적 화학자』(1661)를 통해 연금술사들을 비판하고 원소의 개념을 명
확히 한 이래 철학자의 돌이라는 개념은 소멸되었습니다. 하지만 연금술의 긍
정적인 측면도 있었어요. 연금술사들은 수많은 실험을 통해 많은 실험 자료를
축적하였고, 이는 근대 화학의 풍성한 거름이 되었던 것이죠. 오늘날 화학
(Chemistry)의 어원이 연금술에서 유래한 것만 보아도 알 수 있겠죠?

하지만 신기한 것은 현대에 이르러 연금술이 정말로 가능하다는 것이지요.
인공 핵변환으로 한 물질을 다른 물질로 바꿀 수 있게 되었답니다. 최초로 원
소를 변환시킨 사람은 러더퍼드라는 과학자였지요.

동굴 속의 부엉이

다음날 아침 일찍 만난 그들은 알케미 동굴로 향하였다. 동굴 앞에 도착해보니 입구가 커다란 바위로 막혀 있었다. 둘은 있는 힘껏 바위를 밀어 보았지만 꼼짝도 하지 않았다.

"이걸 어쩌지? 여기까지 왔는데 들어가지도 못하고."

마리와 케미는 낙담하여 주저앉았다. 그때였다.

"케미, 무슨 소리 들리지 않았니?"

문득 마리가 작은 소리로 속삭였다. 조금 있으니 누군가가 동굴 입구 쪽으로 올라오고 있는 것이 보였다. 마리와 케미는 본능적으로 숨을 곳을 찾았다.

"이쪽이야, 빨리 숨어."

바위 뒤에 숨죽이고 있는 그들 앞에 누군가가 멈춰 섰다. 잠시 후 딸각거리는 소리가 나더니 큰 소리와 함께 바위가 움직였다. 소리는 곧 사라졌다.

"누구지?"

"나도 모르겠어. 하여튼 돌을 치워주었으니 고맙지 뭐. 자, 이제 들어가서 부엉이를 찾아보자."

그들은 앞서 들어간 사람에게 들키지 않기 위해 조금 더 숨죽이고 기다렸다가 몸을 숨겨가며 살금살금 동굴 안쪽으로 들어갔다. 다행히 그 사람은 벌써 깊숙이 들어갔는지 별다른 흔적이 없었다. 그들은 조금씩 용기를 내어 걷기 시작했다. 동굴 안에는 여러 가지 갈림길들이 많이 나 있었다. 그렇게 갈림길이 나올 때마다 이들은 어느 쪽으로 갈지 망설였지만 일단은 곧장 앞으로 걸어 들어가기로 의견을 모았다. 그렇게 안쪽으로 들어가다 보니 어느덧 막다른 곳이 나왔다.

"케미, 여기가 동굴의 끝인가 봐."

"끝까지 왔으니 이제 어쩐다?"

"내가 읽은 추리소설에 따르면 동굴의 막다른 곳이 나오면 어딘가에 비밀의 방이 있거든. 혹시 여기에도 그런 게 있지 않을까?"

"마리, 너 소설을 너무 많이 읽은 거 아냐?"

"그렇지만, 케미. 지금까지 부엉이는 커녕 올빼미 한 마리도 안 보였잖아. 너 부엉이를 어떻게 찾을 건데?"

이들은 혹시나 하는 마음에 벽을 샅샅이 훑어보기 시작하였다. 케미는 아무것도 발견하지 못하였지만 마리는 뭔가를 발견한 모양이었다.

"케미, 여기가 좀 이상하지 않니?"

마리가 벽의 가운데 부분을 가리키며 말했다.

"뭐? 거기가 왜?"

"다른 데는 이끼가 잔뜩 끼어있는데 여기에만 없거든. 이상하잖아."

케미는 마리가 가리킨 부분을 손으로 만져 보았다. 아닌게 아니라 사각 모양의 부분에는 이끼가 덮여있지 않았다.

"좀 다르긴 하다. 그럼 이게 혹시……?"

이렇게 말하며 케미는 그 부분을 눌러보았다. 그러자 잠시 후 돌이 안쪽으로 밀려 들어가더니 거짓말처럼 동굴 벽이 열리기 시작하였다. 이들은 너무 놀라서 눈이 휘둥그레졌다.

"세상에!"

"아니, 정말 이런 게 있네. 난 소설 속에서만 있는 줄 알았는데, 정말 있구나. 케미, 난 천재가 봐."

마리가 스스로에게 감탄하고 있는 사이 케미는 벽 안쪽으로 들어서고 있었다.

"케미, 같이 가. 혼자 가면 섭하지-."

벽 안의 비밀 공간으로 들어서보니 벽에는 여러 가지 동물들이 수없이 많이 그려져 있었다. 케미와 마리는 약속이나 한 듯이 마주보며 소리쳤다.

"부엉이!"

"부엉이!"

수많은 동물 그림들 중에 부엉이를 찾아내는 일은 어렵지 않았다.

"찾았다. 케미, 내가 찾았어. 여기 부엉이가 있어."

케미는 가슴이 두근거리기 시작하였다. 드디어 알케미의 부엉이를 찾았기 때문이다.

"이게 바로 알케미의 부엉이구나. 그런데 케미, 이걸로 뭘 어떻게 해야 하는 거야? 그림만 있을 뿐 아무것도 없는데?"

혹시나 하는 마음에 케미는 부엉이 그림에 손을 댔다. 그러자 놀랍게도 부엉이가 말을 하기 시작하였다.

"케미, 드디어 왔구나. 내가 오랫동안 보관해왔던 것을 이제야 너한테 줄 수 있게 되어 정말 기쁘다."

그림 속의 부엉이가 말을 하자 케미는 깜짝 놀랐다.

"네 아빠 보일 박사님은 멀리서 너를 기다리고 계신다. 내가 주는 이 지도를 가지고 아빠를 찾아가라."

부엉이가 말을 마치자 그 아래 부분에 서랍의 손잡이 같은 것이 나타났다. 손잡이를 잡아당기자 색이 바랜 양피지 두루마리와 열쇠가 한 개 들어있는 것이 보였다. 케미는 떨리는 손으로 양피지를 펼쳐보았다. 그런데 이게 웬일인가? 양피지에는 아무것도 쓰여 있지 않았다.

"어, 이상하다. 아무 것도 안 써 있어. 이게 어찌 된 거지?"

간신히 찾은 단서에 아무것도 적혀있지 않자 케미는 무척 실망하였다. 이들은 각자 생각에 잠겼다.

잠시 후 갑자기 마리가 손가락으로 '딱' 소리를 냈다. 이건 뭔가 좋은 생각이 떠올랐을 때 마리가 자주하는 행동이었다. 케미는 혹시나 하는 기대를 품고 마리를 쳐다보았다.

"케미. 이거 말이야. 혹시 비밀 글씨로 써놓은 것 아닐까?"

"비밀 글씨?"

"그래, 왜 그런 거 있잖아. 내가 좋아하는 애거서 크리스티의 추리소설 중에 『비밀 결사』라는 작품이 있는데, 거기에 보면 주인공들이 감추어져 있는 문서를 극적으로 찾아내는 게 나와. 그런데 그 문서를 펴보니까 아무 것도 안 써 있는 거야. 정말 황당하지? 주인공들이 실망하고 있는데, 어떤 사람이 불을 피운 다음에 그 위에 문서를 갖다대니까 서서히 글씨가 나타나기 시작하더라고. 케미, 이것도 그런 비밀 글씨가 아닐까? 우리도 한번 불에 갖다 대보자."

케미는 지푸라기라도 잡는 심정으로 마리의 말을 따르기로 하였다.

"그래, 그럼 저 횃불에 한번 대볼까?"

이들은 양피지를 벽의 위쪽에 붙어있던 횃불 근처에 갖다 댔다. 그러자 양피지에서 서서히 뭔가 나타나기 시작하였다.

"어, 뭔가 보인다 보여. 케미, 뭐라고 써 있는 거야?"

"영원의 불~꽃? 이게 무슨 말이지?"

양피지의 맨 윗부분에는 글씨가 쓰여 있었으며, 아래 부분에는 지도가 그려져 있었다. 지도는 사이언랜드에서 출발하여 바깥 세상으로 나가 최종 목적지까지 표시되어 있었다.

그때였다. 이들이 양피지를 보느라 정신이 없는 사이에 누군가가 다가와 갑자기 양피지를 잡아채서 달아나기 시작했다.

"아, 안 돼. 돌려줘. 그건 내 거란 말이야."

소리를 지르며 케미는 필사적으로 쫓아가기 시작했다. 잠시 후 괴한은 돌에 발이 걸려 넘어지고 말았다. 넘어지는 바람에 머리에 쓰고 있던 두건이 벗겨져 괴한의 얼굴이 드러났다. 놀랍게도 그는 케미가 알고 있는 사람이었다.

"패러데이 선생님⋯⋯."
패러데이는 어색한 미소를 지으며 변명을 늘어놓기 시작하였다.
"케미, 역시 잘 뛰는구나. 이 정도면 충분히 불꽃을 찾아 나설 자격이 있겠어."
"그게 무슨 말씀이세요, 그럼 선생님은 이 지도에 대해 알고 계셨단 말씀인가요?"
"그래, 이 지도는 너희 아빠가 만들어 놓은 보물 창고의 위치를 알려주는 거다."
"보물 창고라뇨?"
"너희 아빠는 비밀리에 어떤 연구를 했는데, 그 결과를 어디엔가 숨겨놓았거든. 거기를 보물 창고라고 부르는 거지."
케미는 가슴이 뛰었다. 하지만 문득 패러데이 선생님이 의심스러웠다.
"선생님은 어떻게 우리 아빠에 대해 잘 아시죠? 여태까지 한번도 저한테 그런 얘기 해주신 적 없잖아요"
"어? 그, 그건 말이지. 너희 아빠랑 나는 같이 공부를 한 사이거든. 그래서 알고 있는 것뿐이지. 하지만 그건 중요한 게 아니고, 어서 그곳을 찾아 가보는 게 좋지 않겠니? 엄마도 찾아야 하고."

하지만 케미는 뭔가 께름칙한 마음이 가시지 않았다. 마리의 표정을 보니 케미와 마찬가지로 느끼는 눈치였다. 케미는 손가락을 하나씩 펴서 하나, 둘, 셋을 해보였다. 마리가 알아들었다는 듯이 고개를 끄덕였다. 하나, 둘, 셋!

"뛰어!"

둘은 동시에 뛰기 시작했다.

"앗! 서라, 서! 이런 고얀 것들 같으니."

케미와 마리는 죽을 힘을 다해 뛰었다. 다행히 패러데이는 뒤쫓아 오지 못하는 것 같았다. 아마 아까 넘어질 때 다리를 다친 모양이었다. 하지만 그들은 동굴의 입구에서 다시 앞을 막고 있는 거대한 바위와 맞닥뜨렸다.

"어쩌지? 막혔어."

"어쩜 좋아."

그들이 당황하여 머뭇거리고 있는 사이 의기양양한 얼굴로 패러데이가 다가왔다.

"우리 거래를 하자. 내가 이 문을 열어줄 테니, 대신 함께 여행을 떠나는 거야. 난 너희 아빠의 보물에 관심이 많거든. 사실 너희 아빠는 위대한 과학자였고, 난 그만큼은 못 되지만 역시 과학자라고. 지도에 그려져 있는 곳에 가려면 내가 필요할 때가 있을 걸? 자, 어때?"

케미는 선뜻 결정을 내리기가 어려웠다.

'만약 패러데이 선생님이 정말 나쁜 사람이라면 우리를 죽이고 지도를 빼앗을 수도 있었을 거야.'

망설이던 케미는 드디어 결정을 내렸다.

"좋아요. 함께 가죠. 대신 조건이 있어요."

"뭐지?"

"마리도 함께 갈 것, 그리고 지도의 소유권은 저한테 있다는 것이에요. 이것만 분명하게 해둔다면 같이 가도 좋아요."

"호오, 좋다. 그 정도 조건쯤이야 뭘. 난 너희 아빠의 연구 결과에만 관심이 있을 뿐이야. 딴 건 절대로 없다고."

마음속에 서서히 피어오르는 불안을 날려 보내려는 듯 케미가 말하였다.

"자, 어서 바위를 치워주세요."

비밀 편지 쓰기

필요한 것들 : 레몬, 종이, 칼, 컵, 붓, 촛불 등

먼저 레몬을 짜서 즙을 내고, 그걸 붓에 적셔서 예쁘게 글이나 그림을 그리고 말려요. 다 마를 때까지 그대로 놓아두는 것이 좋아요. 글씨가 다 마르면 거의 눈에 안보이게 될 거예요. 이제 촛불 위에 종이를 갖다 대 보세요. 어때요? 서서히 글씨가 나타나죠? 왜 그러냐고요? 레몬 속에는 신맛을 내는 '시트르산'이라는 물질이 들어 있어요. 그리고 종이는 셀룰로오스로 되어 있는데, 이는 탄소(C), 수소(H), 산소(O)의 성분으로 이루어져 있지요. 레몬 즙을 종이에 묻혀 열을 가하면 시트르산이 셀룰로오스로부터 물을 뽑아내게 되요. 물을 잃은 종이는 새까만 탄소(C)만 남아서 레몬 즙이 묻었던 자리가 새까맣게 변하는 것이에요. 이제 알겠죠?

$$\text{셀룰로오스 (C, H, O)} \xrightarrow[\text{가열}]{\text{시트르산}} C(s) + H_2O(g)$$

출발

"케미, 괜찮을까? 패러데이 선생님 말이야, 믿어도 될까?"
근심스러운 표정으로 말하는 마리를 보며 케미는 고개를 저었다.

"나도 잘 모르겠어. 그렇지만 달리 어떻게 할 수가 없었잖아. 안 그러면 지도를 빼앗아서 안 줄지도 모르는데."

"하긴, 그렇지? 근데 도대체 패러데이 선생님은 왜 여기에 나타난 거야? 우리가 여기에 올 줄 어떻게 알았지?"

"글쎄. 뭔가 꿍꿍이속이 있는 것은 틀림없는데, 그게 뭔지는 모르겠어. 일단, 열쇠는 비밀로 하자. 아까 지도랑 같이 있었던 열쇠 말이야."

"맞아, 맞아. 그게 지도랑 함께 있는 것으로 봐서 뭔가 결정적으로 중요한 열쇠일 거야. 눈에 잘 안 띄게 목걸이로 만들어서 걸고 와."

"앞으로 패러데이 선생님을 잘 살펴보자."

케미와 마리도 각자 헤어져 집으로 향하였다. 케미는 그날 밤 엄마가 사라진 후 처음으로 한번도 깨지 않고 잘 수 있었다. 아빠가 살아계신다는 사실이 더할 수 없이 든든하게 다가왔기 때문이다.

이튿날 아침 이들은 약속했던 대로 에트나 산 입구에서 다시 만났다. 각자 비상 식량과 몇 벌의 옷 등을 챙긴 배낭을 하나씩 메고 있었다. 유난히 마리의 배낭이 불룩한 것을 본 케미는 마리를 구박하기 시작했다.

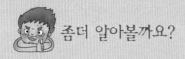

과학사 속의 퀴리Marie Curie

마리 퀴리는 폴란드인 교사 부부의 막내딸로 태어났다. 어려서부터 기억력이 뛰어난 그녀는 16세에 우등으로 고등학교를 졸업했다. 하지만 경제적인 이유로 한동안 가정교사 노릇을 해야만 했다. 그러나 배움에 대한 그녀의 열의는 곧 그녀의 모든 상황을 극복하게 하였고, 마침내 그녀는 소르본 대학에 입학하였다. 그녀는 물리학과 수학에서 수석과 차석의 자리를 차지하면서 석사학위를 받았다. 학업을 계속 하던 중 피에르 퀴리를 만났고, 두 사람의 관계는 결혼에까지 이르게 되었다.

마리 퀴리는 남편과 더불어 베크렐이 발견한 방사선을 연구하기 시작해, 1898년 폴로늄과 라듐이라는 최초의 방사성원소를 발견했다. 폴로늄은 마리의 조국 폴란드의 이름을 딴 것이고, 라듐은 방사성원소라는 뜻. 이 공로로 그녀는 1903년 지도교수인 앙리 베크렐과 남편 피에르 퀴리와 더불어 노벨물리학상을 받았다. 당시 여성은 프랑스 과학아카데미에 참여할 수 없던 시절이었기에 그녀의 수상은 대단한 뉴스가 아닐 수 없었다.

그러나 여기에 대해 말이 많았다. 남편 피에르가 적극적으로 탄원서를 올리지 않았다면 그녀는 노벨상을 받지 못했다는 것. 그런 와중에 1906년 피에르가 교통사고로 사망하자, 마리 퀴리는 그 자리를 물려받아 소르본 대학 최초의 여성교수가 됐다. 그해 겨울 그녀는 금속 라듐을 분리해낸 공로로 화학분야에서 두 번째 노벨상을 받았다. 마리 퀴리는 노벨상 수상 연설에서 다음과 같이 말했다고 전해진다.

"(제 남편의 도움 없이) 저 혼자 라듐을 분리해냈다는 것을 믿겠죠?"

그러나 프랑스 과학아카데미에서는 1923년에서야 마지못해 가입원서를 접수했다. 물론 첫 번째 여성회원이었다.

그녀는 꾸준히 연구를 계속하다가, 방사능이 원인이 되어서 백혈병으로 세상을 떠났다.

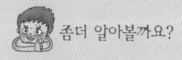 좀더 알아볼까요?

에트나 산

에트나 산은 이탈리아의 시칠리아 섬에 있는 화산으로 유럽 지중해 화산대의 대표적인 활화산이다. 높이가 3,323미터로 유럽의 화산 중 가장 높으며, 가장 많은 기생 화산을 보유하고 있다. 지난 1970년대부터 10년에 한번 꼴로 폭발이 일어나고 있으며, 2001년에 일어났던 것이 가장 최근의 폭발이었다.

　우주가 불, 물, 공기, 흙으로 이뤄져 있다는 4원소설을 주장해 유명한 엠페도클레스(B.C.495~435?)는 화산의 신비를 풀기 위해 에트나 화산을 찾아가서 직접 관찰한 후, "아무것도 이 분노의 흐름을 멈출 수 없다"고 말했다. 또한 지구 내부는 용융 상태일 것이라고 상상하기도 하였다. 그리고는 자석에 끌리듯이 화산의 분화구에 몸을 던졌다고 전해진다. 사람들은 그가 갑자기 사라지자 하늘로 올라갔다고 생각하였으나, 얼마 후 분화구 근처에서 그의 샌들이 발견됨으로써 진실이 밝혀졌다.

"공부 못하는 애들이 가방 무거운 거 알지? 도대체 그 안에 뭐가
든 거야?"

"뭐야, 케미. 이 가방엔 정말 중요한 물건들만 들어 있다고."

"뭔데, 뭔데? 내가 열어봐도 되지?"

케미가 가방을 열려고 하자 마리는 질겁을 하며 도망을 쳤다.

"뭐야, 숙녀의 소지품을 뒤지려하다니 정말 매너 없다."

이들이 티격태격하는 것을 지켜보던 패러데이가 더 이상은 참을
수 없다는 듯이 끼어들었다.

"애들아, 너네 출발 안 할 거니?"

순간 케미와 마리는 머쓱해져서 장난을 멈추었다.

"어서 지도를 보고 갈 길을 정하도록 하자. 그래야 시간을 절약할
수가 있지. 자, 케미. 지도를 꺼내봐."

케미는 썩 내키지는 않았지만 지도를 펼쳤다. 지도에는 에트나 산
에서 목적지까지의 길이 상세히 표시되어 있었다.

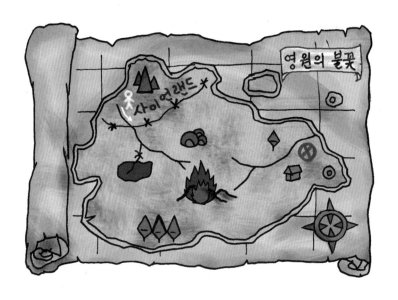

"그런데 케미, 중간에 이 고개는 뭐지?"

마리가 중간 지점에 표시되어 있는 불꽃 모양의 고개를 가리켰다.

"글쎄, 나도 잘 모르겠어."

"아마 우리가 넘어야만 하는 고개인 모양이다."

불꽃 모양으로 표시되어 있는 고개를 보자 케미는 조금 겁이 났다. 하지만 별거 아니라는 듯 짐짓 명랑한 목소리로 마리를 보며 말했다.

"걱정 마. 잘 되겠지, 뭐. 갈 길을 정했으니 어서 가자."

"그래, 케미 말이 맞다."

이들은 서둘러서 길을 떠났다.

거대한 불꽃을 만나다

사이언랜드를 떠난 지 벌써 이틀째다. 모두 내색은 하지 않았지만 마음이 점점 조급해져 가고 있었다.

"벌써 이틀쨘데, 아직도 불꽃 고개가 안 나오니 어찌된 일일까?"

패러데이가 먼저 말을 꺼냈다.

"케미야, 지도를 다시 한번 확인해보는 게 어떻겠니?"

"보실 필요 없어요. 제가 어젯밤에 본 게 맞다면 이제 곧 고개가 나올 거예요."

"그래? 그런데 이상하구나. 여긴 그냥 허허벌판인데……."

그때 마리가 뭔가를 발견한 듯 앞을 가리켰다.

"어, 저게 뭐죠?"

서둘러 가고 있는 일행들의 앞에 갑자기 산봉우리가 나타났다.

"갑자기 이게 웬 산이지? 좀 전까지는 아무것도 없었는데?"

정말 이상한 일이었다. 갑자기 땅에서 솟아난 듯 산이 그들 앞에 버티고 서 있었다.

"뭔지는 모르겠다만 한번 가까이 가 보자. 이게 그 지도에 나와 있는 불꽃 고개인 것 같으니."

다행히 산은 험하지 않아 쉽게 오를 수 있었다. 그러나 산 정상이 가까워지자 점점 뜨거워지기 시작하였다. 얼마 후 그들이 정상에 오르자 거대한 불꽃이 보이기 시작하였다.

"케미, 이거 너무 뜨거워 보인다."

마리가 겁이 나는 듯 케미의 등 뒤로 숨으며 말했다. 케미는 근처에 있는 나뭇가지를 꺾어 불 쪽으로 던져보았다. 나뭇가지는 화르르 타올라 순식간에 재가 되고 말았다.

"너무 뜨거워. 어쩌지?"

"우리 다른 길로 돌아가는 게 좋겠다."

이들은 할 수 없이 다시 산을 내려가기 시작했다. 그런데 이상한 일이었다. 아무리 내려가도 올라왔던 길이 나오지 않았다. 분명 산을 올라왔는데, 아무리 둘러보아도 내려가는 길이 보이지 않다니……

"이상해, 우리가 길을 잃었나봐."

"분명 저쪽에서 올라왔는데, 이게 무슨 일이지?"

"아까 그 길로 다시 가볼까?"

마리가 자신 없는 목소리로 말하였다.

"그래, 차라리 그게 낫겠다."

이들은 다시 불꽃이 있던 곳으로 돌아갔다. 여전히 불꽃은 활활 타오르고 있었다.

"아무래도 이걸 통과해야만 하는 건가봐."

"그래, 지도에 이 고개가 나온 걸 보면……."

이제 이들은 선택의 여지가 없었다. 산을 내려가기 위해서는 이 불꽃을 통과하는 수밖에……. 이들은 불꽃을 자세히 살펴보았다.

"자, 이걸 어떻게 통과한다?"

마리가 신음 소리를 냈다.

"불 속으로 뛰어들어야 된다는 말이야?"

"그래, 그럴 수밖에."

케미도 말은 그렇게 하였지만 막상 불꽃을 뛰어넘자니 눈앞이 캄캄하였다. 케미는 지푸라기라도 잡는 심정으로 패러데이를 바라보았다. 그래도 화학 선생님인데 뭔가 대책이 있지 않을까 하는 생각이 들었기 때문이다. 마리 역시 패러데이를 바라보고 있었다. 아이들의 눈길이 자신에게 쏠리는 것을 의식했는지 패러데이가 가방 속에서 뭔가를 꺼내들었다.

"불꽃을 통과해야만 하는 거라면, 해야지. 이걸 뿌리고 한번 해 보자."

패러데이가 가방 속에서 꺼낸 것은 조그만 스프레이 통이었다.

"그게 뭔데요, 선생님?"

"음, 이건 말이다. 내가 발명한 화상 방지용 스프레이야."

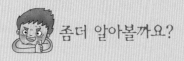 좀더 알아볼까요?

소방관 아저씨는 어떻게 불 속에서 일을 하실까요?

　현재 소방관 아저씨들은 특수 헬멧이 부착된 방열복을 입고 작업을 합니다. 예전에는 석면을 주 소재로 삼아 방열복을 만들었지만 석면이 폐질환을 일으 킨다는 것이 밝혀져 요즘에는 사용하지 않아요. 옛날에 석면으로 만든 옷을 입고 영화 촬영을 했던 배우가 폐에 이상이 생겨 세상을 떠난 일이 있었을 정 도거든요. 그럼 요즘엔 뭘 입느냐고요? 주로 유리 섬유 계통의 옷을 입는답니 다. 이 옷은 1700℃ 정도의 고온에서도 견딜 수 있어요. 유리 섬유는 유리의 원료인 규사, 석회석, 소다회를 곱게 갈아 녹여서 만든 섬유인데요, 좀 무겁고 딱딱하긴 하지만 1000℃ 이상의 열에도 타지 않기 때문에 소방관 아저씨들 에게는 더할 나위 없는 소재랍니다.

"화상 방지 스프레이라고요?"

"그래, 이건 내가 최초로 발명한 거야."

케미는 패러데이의 말을 믿을 수가 없었다.

"선생님, 그것 좀 잠깐만 보여주세요."

스프레이를 자세히 살펴보니 통 아래에 누군가의 이름이 쓰여 있었다.

"선생님, 이게 뭔가요? 보일이라고 써 있는데."

"어, 어 이건, 이건 말이야. 사실은 보일과 내가 공동 연구를 해서 만들어낸 거야."

"보일이라구? 어, 케미 네 아빠와 이름이 똑같네?"

그러고 보니 부엉이가 얘기해준 아빠의 이름과 같았다.

"그럼, 혹시 이게……."

"아니다, 아니야. 이름이 같은 사람이지. 쓸데없는 얘기 그만하고 어서 불꽃을 통과할 계획이나 세우자."

패러데이가 황급히 화제를 돌리려고 하는 것을 보면서 케미는 또 한번 석연치 못한 느낌을 받았다.

"좋아요, 계획을 세우죠. 그런데 여기에는 이 스프레이가 300℃ 정도까지밖에 견디지 못한다고 쓰여 있는데, 그건 상관없나요?"

"앗, 선생님, 이 불꽃의 온도는 1000℃가 넘잖아요?"

순간 패러데이는 당황하여 말을 더듬기 시작하였다.

"그, 그래. 참, 맞다. 허허, 이거 참. 잘 배웠구나. 그렇지만 불꽃의 모든 부분이 다 1000℃를 넘는 것은 아니지."

그러자 마리가 소리쳤다.

"맞아. 케미, 저거 봐. 불꽃의 색깔이 여러 가지야. 바깥 부분은 밝고 가운데는 어둡잖아."

"그래, 그게 뭐 어쨌다는 거야?"

"아이 참, 잘 생각해봐. 불꽃의 색깔이 다른 이유가 뭐겠어. 내가 책에서 읽은 바에 따르면 저건 온도가 다른 거라고. 별 색깔로 온도를 알아내기도 하잖아."

패러데이가 갑자기 끼어들었다.

"맞다. 마리의 말이 맞아. 바깥 쪽이 제일 온도가 높지. 거긴 아마 1000℃가 넘을 거야. 그렇지만 가운데 심지 부분은 산소 공급이 안 되니까 가장 온도가 낮아. 300℃ 정도 밖에 안돼지."

 패러데이 선생님의 반짝 특강

보통 불꽃은 겉불꽃, 속불꽃, 불꽃심으로 나눈다.
겉불꽃은 산소와 많이 접촉하므로 가장 온도가 높다. 가운데로 갈수록 산소의 공급이 적어져서 잘 타지 못하기 때문에 온도가 내려간다.

"그럼, 몸에 스프레이를 뿌리고, 가운데 심지 부분으로 통과를 하면 되겠네요?"

"그래, 빨리 뛰면 그만큼 더 안전할 거다."

"좋아요, 그럼 제가 먼저 뛰어볼게요."

"안 돼, 케미. 넌 덜렁거려서 위험하다고. 선생님이 먼저 뛰세요."

이들은 아직도 패러데이를 신용할 수가 없었다. 패러데이는 아이들의 의심을 눈치 챈 듯 작게 한숨을 쉬고 몸에 스프레이를 뿌렸다.

"좋다. 어른인 내가 먼저 가마. 너희들은 내가 무사한지 잘 보고 뒤따라와."

패러데이는 굳어있는 표정의 아이들을 향해 미소를 지은 다음 불꽃을 향해 전속력으로 달려갔다. 아이들은 긴장해서 침을 꿀꺽 삼키고 초조하게 건너편의 소리에 귀를 기울였다. 잠시 후 불꽃 저편에서 패러데이의 웃음 소리가 들려왔다.

"하하, 별 거 아니잖아. 얘들아, 어서 뛰어."

패러데이는 무사히 불꽃을 통과한 모양이었다. 아이들은 서로의 몸에 스프레이를 골고루 뿌려주었다.

"마리, 네가 먼저 건너. 내가 뒤따라갈게."

"그래. 케미, 조심해서 와."

마리는 케미를 한번 바라보고 나서 불꽃을 향해 뛰어가기 시작하였다. 그리고 잠시 후 마리 또한 무사히 건넜다는 소리가 들렸다. 케미는 지도를 조심스럽게 접어서 소중히 주머니에 넣었다.

불꽃에 몸을 던지자 순식간에 눈앞이 캄캄하고 엄청난 열기가 느껴졌다. 잠시 후 열기는 사라졌다. 무사히 불꽃을 통과한 것이었다. 그런데 통과해서 보니 웬 새까만 사람들이 서로를 가리키며 웃고 있었다. 마리와 패러데이 선생님이 까만 가루를 잔뜩 뒤집어쓰고 있었다. 그 모습을 보고 케미도 따라 웃었다. 검댕을 뒤집어쓴 선생님과 마리가 너무 우스웠기 때문이다. 마리와 선생님도 케미를 보면서 마구 웃었다. 자세히 보니 케미 자신의 몸도 새까맣게 변해 있었다.

"아니, 왜, 이렇게 까매졌죠?"

"이게 바로 그을음이라는 거야. 탄소 성분이지. 산소가 부족해서 미처 타지 못한 탄소가 그냥 알갱이로 나온 거야. 우린 가장 온도가 낮은 심지 부분으로 통과를 했기 때문에 화상을 입지 않은 대신 그을음을 뒤집어쓴 거지."

"그렇구나. 그래도 데지 않은 게 다행이지."

"그래, 네 말이 맞다. 케미, 우린 무사히 불꽃 고개를 넘은 것 같구나."

불꽃을 바라보려고 눈길을 돌리던 이들은 깜짝 놀랐다. 거기에는 불꽃도 산도 아무것도 없었다. 다만 그들이 걷던 허허 벌판이 드넓게 펼쳐져 있을 뿐이었다.

좌충우돌 실험실

양초 실험

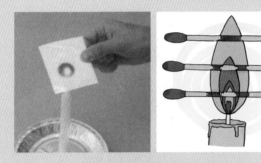

필요한 것들 : 양초, 성냥, 종이, 가위, 장갑 그리고 마지막으로 조심하는 마음!

양초에 불을 붙여 세워요. 그리고 종이(약간 두꺼운 종이가 좋아요)를 7cm ×
7cm 정도 크기로 잘라요. 장갑을 끼고 종이의 귀퉁이를 잡은 다음 불꽃 위
로 지그시 눌렀다가 떼요. 매우 조심해야 되요! 종이가 타버리지 않고 눌은
흔적이 남을 정도면 충분해요. 자 이제 눌은 흔적을 살펴보아요. 도넛 모양이
되었죠? 바깥쪽의 불꽃이 제일 뜨겁다는 것을 알 수 있는 거예요. 비슷한 실
험을 성냥개비로도 할 수 있어요.

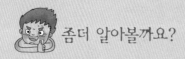

양초는 어떻게 타는 거죠?

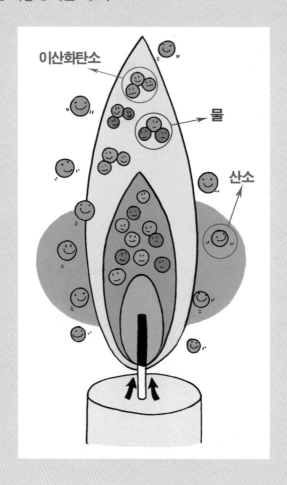

먼저, 불꽃에 가까이 있는 양초가 불꽃의 열로 인해 녹습니다.

↓

녹은 액체 양초는 심지를 타고 위쪽으로 올라가지요(이런 현상을 '모세관 현상'이라고 해요).

↓

심지를 타고 올라간 액체 양초는 불꽃의 열에 의해 기체가 됩니다.

↓

기체 양초는 불꽃의 바깥 부분으로 이동하면서 작은 덩어리로 갈라지게 되지요.

↓

한편, 불꽃의 바깥쪽에서는 산소가 불꽃의 표면으로 이동해옵니다(대류와 확산 현상에 의해).

↓

이제는 기체 양초가 산소와 결합하여 타면서 열과 빛을 냅니다.

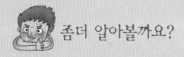 좀더 알아볼까요?

별의 색깔이 여러 가지인 이유는?

별을 자세히 들여다보면, 그 색깔이 다양함을 볼 수 있다. 이것은 별들의 표면 온도가 서로 다르기 때문이다. 일상적으로는 파란색이 추워보이고, 빨간색은 따스하게 느껴지는데, 별의 경우는 이와 반대다. 뜨거운 별에서는 주로 파란색 빛이 방출되고, 차가운 별은 빨간색의 빛을 방출한다. 우리의 태양은 노란색 빛을 방출하는 별이다.

도착

얼마 후 그들은 드디어 지도에 표시되어 있는 목적지에 도착할 수 있었다. 참 신기한 곳이었다. 외벽은 햇빛을 받아 반짝이고 있었으며, 건물 전체는 동그란 축구공 모양으로 출입구는 전혀 보이지 않았다.

"와! 이렇게 외진 곳에 이런 건물이 있다니."

"글쎄 말이야, 지도를 따라 오면서도 이런 곳에 뭐가 있을까 싶었는데."

"케미야, 너희 아빠는 무척 용의주도하게 일을 처리하신 것 같구나. 이런 곳이 있으리라고 짐작이나 할 수 있겠니?"

그러나 케미는 다른 생각을 하고 있었다. 지난번 벌판에서 갑자기 나타났다 사라졌던 산봉우리와 거대한 불꽃이 이 건물에서 만들어 낸 작품이 아닌가 하는 생각이었다.

"케미, 여긴 어떻게 들어가는 걸까?"

"으, 으응. 글쎄?"

"애들아, 이리 와봐."

건물의 뒤쪽으로 돌아갔던 패러데이가 뭔가를 발견했는지 부르는 소리가 들렸다.

그들이 뛰어갔더니 패러데이가 손가락으로 뭔가를 가리켜 보였다. 그것은 동굴에서 보았던 것과 똑같이 생긴 부엉이 모양의 그림이었다.

"앗, 그 부엉이다."

알케미 동굴에서 했던 것처럼 그림에 손을 대자 부엉이는 말을 하기 시작하였다.

"케미, 네가 여기까지 왔구나. 장하다. 이제 이 건물 안으로 계속 들어가면 아빠를 만날 수 있을 거야. 이 건물 안쪽은 양파처럼 겹겹으로 쌓여있어. 각각 한 개씩의 문이 있는데, 그 문은 네가 과제를 해결해야만 열린단다. 명심해라, 문은 반드시 네 손으로 열어야 한다는 것을. 부디 모든 문을 다 열어서 아빠를 만나기를 바란다. 안녕."

그 말을 끝으로 부엉이 그림은 사라지고 말았다. 그리고 부엉이 그림이 있던 자리에 문이 생겼다.

"아빠가 부엉이를 좋아하셨던 모양이지?"

패러데이가 말했다. 하지만 케미는 아무런 대답도 할 수 없었다. 아빠의 기억조차 없는 케미가 대답을 하지 못하는 것은 당연한 일이었다. 뒤늦게 자신의 실수를 깨달은 패러데이는 허둥거리며 말을 이었다.

"아마, 미네르바의 부엉이를 생각하신 모양이다."

"미네르바의 부엉이가 뭐예요?"

"지혜를 상징하는 거지."

패러데이 선생님의 반짝 특강

미네르바의 부엉이란?

미네르바는 지혜의 여신 아테나의 로마 이름이며 부엉이는 아테나가 아끼는 새다. 동물학자들의 조사에 따르면 부엉이가 다른 새보다 지능이 높다는 것은 속설일 뿐 아무런 과학적 근거가 없다고 하지만 고개를 갸우뚱거리는 모습이 현자와 닮았다고 해서 최근까지 지혜를 상징하는 새로 불려왔다.

새삼스럽게 아는 것이 많아 보이는 패러데이를 보면서 케미의 마음속에는 의문이 생기고 있었다. 그런 케미의 생각을 방해하려는 듯 패러데이는 출입구에 써 있는 말을 소리 내어 읽기 시작하였다.

"이곳에 들어가려면 문을 당기시오, 아니, 이게 뭐야. 문을 당기기만 하면 된다는 말인가?"

혹시나 하는 마음에 문을 당기던 패러데이는 실망한 표정으로 손을 떼었다. 문은 꿈쩍도 하지 않았던 것이다. 그런데 잠시 후…….

쿵!

갑자기 패러데이가 쓰러졌다. 아이들은 깜짝 놀라 다가갔다.

"선생님, 정신 차리세요. 선생님!"

"왜 선생님이 갑자기 쓰러지신 거지, 케미 설마 돌아가신 건 아니겠지?"

케미가 패러데이의 가슴에 귀를 대보고는 조금 안심한 표정을 지었다.

"심장이 뛰는 것을 보니 돌아가신 건 아니야. 잠시 기절하신 것 같아."

다행히 얼마 후 패러데이는 정신을 차렸다. 그런데 입만 벙긋거릴 뿐 말을 하지 못했다. 당황한 패러데이의 표정이 일그러졌다.

"선생님, 왜 말씀을 못하세요? 혀가 굳으셨어요?"

케미의 물음에 패러데이는 자신도 영문을 모르겠다는 표정으로 어깨를 으쓱해보였다. 이때 마리가 뭔가를 알았다는 듯 말했다.

"케미, 내 생각에는 말이야. 이건 선생님이 부엉이의 말을 듣지 않았기 때문이 아닐까 싶어. 아까 부엉이가 문은 반드시 케미 네 손으로 열어야 한다고 했었잖아. 그런데 선생님이 문 손잡이에 손을 대서 말을 못하시게 된 거 아닐까? 케미, 네가 직접 문을 한번 열어보는 게 어때?"

패러데이는 그 말이 맞다는 듯 고개를 끄덕이며 케미를 바라보았다. 두 사람을 번갈아가며 바라보던 케미가 결심을 한 듯 문 쪽으로 다가갔다. 그리고 손잡이를 조심스럽게 당기자 문은 쉽게 열렸다.

"내 말이 맞지? 케미 네가 직접 해야 하는 것이 맞잖아. 네가 최고야."

울상인 패러데이를 보면서 마리가 살짝 웃었다.

"그런데 이상하다. 분명 문을 열 때마다 과제를 해결해야 한다고 했었는데, 왜 이 문은 그냥 열린 거지?"

"지난 번 불꽃 고개의 통과가 과제 해결이었나 봐. 우린 벌써 한 고개를 넘은 거야."

동그란 불꽃 만들기

케미가 앞장서서 문 안쪽으로 걸어 들어갔다.

방 안을 살피던 그들의 눈에 조그만 탁자가 보였다. 탁자 위에는 커다란 유리병이 놓여 있었으며, 병 안에는 양초 한 자루가 타고 있었다.

"이건 뭐지? 이게 과제인가?"

이들은 탁자를 자세히 살펴보기 시작하였다. 그리고 다음과 같은 글씨가 써 있는 것을 발견하였다.

이 양초의 불꽃을 둥글게 만들어라. 기회는 한번 뿐!

"아니, 이게 무슨 말이야? 불꽃을 둥글게 만들라니?"

"여기 좀 봐, 케미. 버튼이 있어."

양초가 놓여있는 탁자에는 세 개의 버튼이 있었다.

첫 번째 빨간색 버튼에는 산소 공급이라고 쓰여 있었으며, 두 번째 녹색 버튼에는 온도 높임, 그리고 세 번째 파란 버튼에는 중력 감소라고 쓰여 있었다.

"이 중에 하나가 답인 모양이지?"

"그런 모양이야. 그런데 뭐가 맞는 거지? 기회가 한번 뿐이라고 했으니 한번에 제대로 맞춰야 할 텐데."

패러데이가 이들에게 뭔가를 말하려는 듯 움찔하다가 입을 다물었다. 눈치 빠른 마리가 패러데이를 쳐다보았다.

"선생님이 뭔가 말씀을 하시려다 만 것 같은데. 케미, 너 들었어?"

"아니, 말을 못하시는데 어떻게 듣냐?"

그러자 마리는 오히려 잘되었다는 듯 케미에게 속삭였다.

"잘 됐어. 그냥 우리 둘이 해결해보자."

"좋아. 마리, 일단 불꽃을 둥글게 만들라는 말의 뜻을 생각해보자. 원래 불꽃이 둥글지 않으니까 둥글게 만들라는 얘기겠지?"

"그래, 불꽃은 다 위아래로 길쭉하잖아."

"왜 길쭉하지? 이유를 알아야 둥글게 만들 수가 있을 텐데."

63

"글쎄, 워낙 불꽃은 길쭉한 게 정상이라서 그 이유를 생각해본 적은 없는데……"

 패러데이 선생님의 반짝 특강

불꽃이 길쭉한 이유는?

 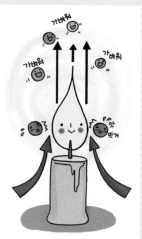

불꽃의 모양은 대부분 위로 길쭉하다. 그렇게 되는 이유는 대류 때문이다. 불꽃 때문에 뜨거워진 공기는 가벼워져서(정확하게 말하면 밀도가 작아져서) 위로 올라간다. 따라서 불꽃의 모양은 위로 길쭉한 모양이 된다.

옆에서 이들의 대화를 듣고 있던 패러데이는 답답한 모양인지 이리저리 왔다갔다하고 있었다. 그리고 잠시 후 아이들의 어깨를 톡톡 친 뒤, 잘 보라는 듯이 양초가 놓여있는 테이블 위로 올라가더니 아래로 뛰어내렸다. 아이들은 이런 패러데이를 어리둥절한 표정으로 바라보고 있을 뿐이었다. 이윽고 패러데이가 알아들었느냐는 표정으로 케미와 마리를 번갈아 쳐다보았다. 그러나 아이들은 여전히 아무것도 모르겠다는 표정이었다. 답답해서 가슴을 치던 패러데이가 이번에는 자신의 가방을 위로 던져 올렸다. 가방은 위로 올라가다가 아래로 떨어졌다.

"케미, 선생님이 뭔가를 말씀하시려고 하는 것 같지 않아?"

"글쎄, 내 생각에도 그렇긴 한데, 그게 뭔지는 잘 모르겠어. 뛰어내리고, 가방을 던지는 게 무슨 힌트지?"

"아!"

마리가 갑자기 무릎을 탁 치며 말했다.

"대류야, 대류! 불꽃이 길쭉한 게 대류 때문이라고."

"대류라니. 그건 뜨거워지면 올라가고, 차가워지면 내려오는 거잖아. 그런데……. 아! 촛불은 뜨거우니까 위로 올라가서 길쭉한 모양이 된다는 거구나."

"그렇지. 케미 군, 참 잘했어요."

"아니, 그럼 선생님이 하고 있는 저 행동은 도대체 뭐야?"

옆에서 가방을 계속 위로 던지고 있는 패러데이를 가리키며 케미가 말하였다.

"음, 저건 말이야. 아마 중력을 표현하려는 것 같아. 대류가 일어나는 이유가 중력과 관계가 있는 거지. 그쵸, 선생님?"

그러자 패러데이는 반가운 표정으로 크게 고개를 끄덕였다. 드디어 케미는 해결책을 찾은 것이다.

"그래, 정리를 한번 해보자. 그러니까 불꽃이 길쭉한 이유는 대류가 일어나기 때문이고, 대류는 중력 때문에 일어난다는 거지."

"그럼, 불꽃의 모양을 둥글게 만들려면?"

이들은 얼굴을 마주보며 합창을 하였다.

"중력을 없애면 되지!"

"중력을 없애면 되지!"

"맞아. 바로 이 단추야."

케미는 세 번째의 파란색 버튼을 눌렀다. 유리병 내부의 중력이
점차 낮아지는 듯 양초의 불꽃은 점차 작아지다가 파란색이 되었
고, 결국은 동그란 모양의 불꽃이 되었다.

"이야, 둥근 불꽃을 만들었다. 야호!"

그때 어디선가 익숙한 목소리가 들려왔다.

"자, 이제 다음 문으로 가야지."

패러데이의 목소리였다.

"어, 이제 목소리가 나오세요?"

"그래, 이번 과제를 해결하면서 문 손잡이의 저주가 풀린 모양이야."

"다행이네요, 선생님. 그런데, 아까 답이 세 번째 버튼이라고 직접 가르쳐주시지 왜 그렇게 손짓 발짓을 하신 거예요?"

"내 생각에 이 건물의 모든 문은 케미 네가 직접 깨닫고 열어야만 하게끔 되어있는 것 같다. 직접적으로 정답을 가르쳐주거나 대신 해버리면 아까 나처럼 벌을 받게 되는 거지. 답을 가르쳐줬다가 말도 못하는 데다가 다른 데까지 고장나면 어쩌냐. 난 꼭 케미 아빠의 연구 성과를 보고 싶거든."

둥근 불꽃은 무척 작았다.

"불꽃이 굉장히 작다."

"음, 그건 당연하지. 보통의 불꽃은 대류가 일어나서 불꽃 아래쪽으로 신선한 산소가 공급되니까 불꽃과 심지 사이가 가깝거든. 그래서 연료 공급이 잘 되니까 불꽃이 큰데, 무중력 상태에서는 불꽃과 심지 사이가 멀어. 그러니 천천히 타면서, 불꽃이 작을 수밖에."

"아, 그렇구나. 파란 불꽃이 참 예뻐요."

이들이 불꽃을 보고 있는 사이, 테이블이 있던 자리에서 문이 나타났고, 케미는 문의 손잡이를 돌렸다.

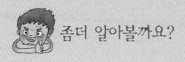 좀더 알아볼까요?

둥근 불꽃을 볼 수 있는 곳은 어딜까?

아쉽게도 중력이 존재하는 한 지구상에서 이런 불꽃을 보기는 힘들어. 다만 우주선 내부처럼 무중력(microgravity, 완전히 중력이 없는 것은 아니고 매우 중력이 작다는 거야)이면 가능하지. 사진은 인공위성에서 찍은 촛불이야. 보통 보는 불꽃의 모양과는 영 다르지? 대류로 인해 뾰족한 모양의 불꽃이 만들어지는 중력 공간과는 달리, 인공위성 내부는 무중력 공간이라서 대류 현상이 일어나지 않기 때문에 촛불의 불꽃은 구 모양이 되는 거야. 좀더 자세히 말하자면, 밀도차가 발생하지 않기 때문에 공기의 움직임이 발생하지 않아 불꽃 주변의 공기가 고르게 탄다는 거지.

미항공우주국(NASA)에는 무중력 공간에서 연소가 어떻게 일어나는지에 대해 전문적으로 연구를 하고 있는 팀이 있을 정도야.

＊참고 : 미항공우주국 홈페이지
http://microgravity.grc.nasa.gov/combustion/cfm/cfm_index.htm

좌충우돌 실험실

뜨거워진 공기는 위로 올라간다?

필요한 것들 : 색종이, 연필, 가위, 실, 테이프, 양초, 성냥

먼저 색종이(양면이면 더 보기 좋겠죠?)에 나선형으로 감겨 있는 뱀 모양을 그려요. 뱀을 가위로 잘라낸 뒤 중심의 머리 부분에 약 20–30센티미터 길이의 실을 테이프로 붙여요. 이때, 균형이 잘 맞도록 주의하세요. 이제 양초에 불을 붙여 잘 세워요. 그리고 실의 끝 부분을 잡고 뱀 모양의 종이를 촛불 위로 가져가 보세요. 갑자기 종이 뱀이 빙글빙글 도는 게 보이나요? 왜 도느냐고 요? 촛불 위에는 뜨거운 공기가 위로 막 올라가거든요. 바람개비를 가지고 막 달리면 바람개비가 돌죠? 종이 뱀이 일종의 바람개비가 된 거예요. 뜨거운 공기가 올라가는 것은 바람이 부는 것과 똑같아서 바람개비가 돌 듯이 종이 뱀도 빙글빙글 도는 거지요.

촛불 시소를 타다

케미는 조심스럽게 문을 열었다. 패러데이는 말을 못하게 되었던 악몽이 되살아났는지 좀 떨어져서 따라 들어왔다. 마리는 호기심에 가장 먼저 들어갔다.

"어, 웬 시소가 있네?"

거대한 양초가 유리 기둥 사이에 받쳐있었고, 그것은 마치 시소처럼 보였다. 케미는 양초 가까이에 다가가 거기에 써 있는 지령을 소리 내어 읽었다.

"다음 문을 열 수 있는 열쇠는 천장에 매달려 있다?"

눈을 들어 천장을 보니 가운데 열쇠가 대롱대롱 매달려 있었다.

"뭐야, 열쇠만 떨어뜨리면 되는 거잖아. 그거야 쉽지. 선생님, 가방 좀 빌려주세요."

케미는 자신만만한 모습으로 열쇠를 향해 가방을 던졌다. 그러나 생각과 달리 열쇠는 떨어지지 않았다. 보기보다 단단하게 묶여 있는 모양이었다.

"어, 안 떨어지네. 어떻게 하지?"

"케미, 천장에 올라가서 잡아 당겨야 하나봐."

"어떻게 천장에 올라가지?"

건물은 원형으로 지어져 있기 때문에 사다리와 같은 것이 없으면 천장에 올라갈 방법이 없었다. 또 천장은 무척 높았다.

"우리가 무등을 타고 올라가도 어림없겠어. 어쩜 좋지?"

"이럴 땐 강력한 흡착판이 달린 신발 같은 것이라도 있었으면 좋겠다. 거미처럼 벽에 붙어서 올라가게."

"우리가 무슨 스파이더맨이냐? 벽을 타고 기어 올라가게? 그런 거 말고 뭐 좀 멋진 생각을 해봐. 저 양초 시소가 괜히 있겠어? 뭔가 필요하니까 있는 거겠지."

마리가 시소처럼 보이는 거대 양초를 손가락으로 가리키며 말했다.

"저걸 이용할 방법을 생각해보자고."

"저걸 어떻게 하지?"

"글쎄, 저게 시소처럼 움직일 수만 있다면 천장에 닿을 수도 있을 것 같은데."

"음, 그럴싸한데, 마리? 그럼 한번 시소에 올라가 보자."

일행은 받침대의 옆면에 붙어있는 손잡이를 잡고 시소에 올라갔다. 그리고 케미가 시소의 한쪽 끝으로 가서 앉아보았다. 그러나 양초는 조금도 움직이지 않았다. 마리와 패러데이도 달려들었지만 역시 꿈쩍도 하지 않았다.

"이걸 움직이게 만들면 한쪽이 높이 올라가면서 열쇠를 잡을 수 있을 것 같은데."

"어떻게 하면 움직일까?"

73

아이들이 오랜만에 자신에게 도움을 청하는 눈길을 보내자 패러
데이는 흐뭇한 표정을 지었다. 하지만 그 입에서 나온 대답은 의외
였다.

"그거야, 너희들이 알아서 해결해야지."

"어, 아깐 힌트를 주셨잖아요?"

"생각해보니 힌트를 주는 것도 조심스러워서 말야. 이러다가 또
말을 못하게 되면 어쩌냐. 미안하지만 난 그냥 옆에서 몸으로 때우
는 것이나 해야겠다."

"와, 이럴수가. 이렇게 배신을 때린다 이거죠. 흥-."

"케미, 너 무슨 말을 그렇게 함부로 하니. 일부러 골탕 먹이려고
그러시는 게 아니잖아. 이건 케미 네가 혼자 헤쳐 나가야 하는 과제
란 말야. 잊었어?"

"알았다고, 알았어. 하여간 잔소리는."

"마음 넓은 이 누나가 참는다. 어서 이 시소를 움직일 방법이나
연구하시죠?"

단순한 케미는 금방 심각해져서 시소를 바라보았다. 마리는 그런
케미를 보며 속으로 쿡쿡 웃었다.

'케미는 정말 단순하단 말이야.'

"일단 말이야, 시소의 한 쪽이 가벼워지면 될 것 같아."

"그럼, 양초를 잘라내 볼까?"

"뭘로 이걸 잘라내니? 칼이나 망치 같은 게 하나도 없잖아."

"아, 나한테 칼이 있어. 이걸 보라고, 짠!"

케미가 주머니에서 맥가이버칼을 꺼냈다.

"모험을 하려면 이 정도 준비물은 기본으로 챙겨야지."

"그걸로 저 양초를 잘라내겠다고? 날 새겠다."

하지만 케미는 마리의 구박에도 굴하지 않고 양초를 잘라내기 시작하였다. 하지만 마리의 말이 사실임을 깨닫는 데는 오랜 시간이 필요하지 않았다. 다른 방법이 필요했다. 그때 뭔가 번뜩 머릿속을 스치고 지나갔다.

"태우면 되잖아!"

케미가 외치자마자 둘은 신이 나서 양초의 심지에 불을 붙였다. 양초에 불이 붙어 타들어가자 한참이 지난 뒤 양초가 한쪽으로 살짝 기울었다.

"자, 지금이야. 시소를 타."

패러데이가 신호를 보내자 케미와 마리는 양초의 양쪽 끝 부분에 시소를 타는 것처럼 앉았다. 기울어진 쪽에는 가벼운 마리가, 높은 쪽에는 케미가 앉았다.

"케미, 이것 좀 봐. 내 쪽의 불꽃이 훨씬 커."

"어, 그러네. 진짜 빨리 탄다."

좌충우돌 실험실

양초 빨리 태우기

양초에 불을 켭니다.

양초를 아래쪽으로 살짝 기울여 봅니다.

똑바로 세워 두었을 때와 어떻게 다르죠?

왜 아래로 기울이면 불이 더 빨리 탈까요?

양초를 아래로 약간 기울이면 불꽃이 닿는 면적이 넓어져서 양초가 훨씬 빨리 녹는답니다.

잠시 후 불꽃이 컸던 마리 쪽이 가벼워지자 스르르 올라가기 시작하였다. 그러자 이제 아래쪽에 있게 된 케미 쪽의 불꽃이 커지기 시작했다.

"와, 이젠 내 쪽이 더 커."

또 얼마가 지나자 케미 쪽이 더 가벼워져서 위로 올라갔고, 점점 시소의 폭은 커지기 시작했다.

한 시간 후 이제 시소는 거의 10초 간격으로 90도 정도로 움직이게 되었다. 아이들은 시소 위에 앉아 땀을 비 오듯 흘리고 있었다. 패러데이는 아래쪽으로 떨어지는 뜨거운 촛농을 피해 구석에 서서 아이들을 향해 소리를 질렀다.

"자, 지금이야. 시소가 최대한 위로 올라갔을 때 열쇠를 잡아."

케미는 마음을 다잡았다. 꼭대기까지 시소가 올라가지는 못할 것이니 가장 위쪽으로 올라갔을 때 뛰어서 열쇠를 잡는 수밖에 없었다.

"이제 올라간다. 하나, 둘, 셋!"

케미는 열쇠 쪽으로 몸을 날렸다. 그리고 잠시 후 바닥으로 떨어지고 말았다.

쾅당!

"아야야!"

"괜찮아, 케미?"

"너 같으면 괜찮겠냐? 아이구, 아파라."

"입이 살아있는 것을 보니 별로 안 다친 것 같네. 열쇠는 어디 있니?"

케미는 자랑스럽게 오른손 손바닥을 펴보였다. 거기엔 천장에 매달려 있던 열쇠가 반짝이고 있었다.

"오, 제법인데!"

"뭐, 이 정도는 기본이지."

"하하하-."

그들은 모두 즐겁게 웃고 다음 문을 향하여 힘차게 발걸음을 내디뎠다.

좌충우돌 실험실

촛불 시소

필요한 것들 : 양초, 송곳, 꼬치용 나무 바늘, 유리컵, 받침

먼저 양초 두 개의 끝부분을 불에 대고 녹여서 붙이세요. 촛농이 많이 떨어지니까 조심하세요. 다른 양초를 켜서 그 불꽃 위에서 해도 된답니다. 다만 그을음이 묻어 좀 까맣게 될 각오를 하셔야 되요. 이제 송곳을 불에 달구어서 가운데 구멍을 뚫으세요. 한번에 하려고 욕심 부리면 애써 붙여두었던 양초가 다시 떨어져 버리니 살살 여러 번에 걸쳐서 구멍을 뚫는 게 좋아요. 이제 꼬치용 나무 바늘을 구멍에 꿰면 시소가 완성됩니다. 유리컵 두 개에 나무 꼬치에 꿴 양초 시소를 올려놓으시고 양쪽에 불을 붙이세요. 이제는 기다리기만 하면 된답니다. 어때요? 촛불 시소가 오르락내리락 혼자 움직이죠?

119 소방관이 되다

눈앞에 나타난 문에 열쇠 구멍이 보였다. 케미는 천장에 매달려 있던 열쇠를 구멍에 밀어 넣었다.

찰카닥-.

자물쇠가 돌아가는 소리가 난 다음 부드럽게 문이 열렸다.

"와우, 대단한 걸."

안쪽을 들여다본 케미의 말에 마리와 패러데이가 문 안으로 들어왔다.

"여긴 실험실인가 봐. 그런데 무슨 냄새가 나네."

마리가 주변을 둘러보며 조심스럽게 말하였다.

그곳은 여태까지 보아왔던 여느 방과는 사뭇 달랐다. 방의 한쪽 면은 선반 전체에 온갖 약품 병들이 가득 차 있었고, 가운데에는 무슨 실험을 하다만 듯 플라스크 속의 액체가 부글거리며 끓고 있었다.

"뭔가 기분이 이상해. 약품들이 잔뜩 있으니까 더 무섭다."

냄새는 약품이 끓고 있는 플라스크 쪽에서 나고 있었다. 달짝지근한 냄새 때문에 머리가 아파왔다.

"이게 무슨 냄새지?"

"어, 이거 많이 맡아본 냄샌데. 예전에 만들었던 사탕 폭탄……!

어서 피해!"

케미가 소리를 지르며 몸을 날리자 갑자기 플라스크 속에서 끓고 있던 액체가 '뻥' 소리를 내며 폭발하였다. 그 여파로 테이블 위에 불이 붙었다. 문 밖으로 도망나온 마리가 숨을 몰아쉬며 물었다.

"케미. 사탕 폭탄이라니 그게 뭐야?"

"설탕 가루랑 무슨 약품인가를 섞어서 불을 붙이면 터지는 거야. 울 아빠가 써 놓으신 노트를 보고 내가 옛날에 만들어 봤었거든."

"아빠를 닮아서 불장난을 좋아하는 거구나."

그래서인가? 어렸을 때부터 케미는 불장난의 선수였다. 불을 내거나 밤에 오줌을 싸서 구박을 받기 일쑤였지만, 너울거리는 불꽃을 보면 빨려 들어가는 것 같은 느낌을 받곤 했었다.

"그래서 불꽃이 자꾸 과제에 등장하는 거군. 지도의 제목도 그렇고."

마리의 말을 듣고 보니 지도의 제목도 '영원의 불꽃'이었다. 아마 케미의 아빠 보일 박사는 불꽃에 유달리 관심이 많았던 모양이었다. 그런 생각을 하자 멀게만 느껴졌던 아빠가 친근하게 느껴졌다.

"그런데, 케미. 이번 과제는 뭐야? 정신이 없어서 과제도 못 봤네."

"내가 봤다. 저 불을 끄는 것이 과제야."

패러데이가 오랜만에 나서며 말하였다.

"선생님, 오랜만에 한 건 하셨네요. 우린 도망 나오느라고 못 봤는데."

"그래, 이 정도는 내가 도와줄 수 있지. 앞으로 과제 확인하는 것은 내가 하마."

"좋아요, 선생님. 각자의 역할이 확실해졌네요. 과제 확인은 선생님, 머리를 쓰는 것은 나, 몸으로 때우는 것은 케미 너, 우린 드림팀이야."

"뭐야? 마리. 너 병이 심하다. 그 정도 증상이면 말기야, 말기."

"케미, 어서 불 끄는 방법이나 생각해보는 게 어때?"

"좋아, 언젠가 큰코다칠 날이 올 거야. 그나저나 물도 없는데 도대체 뭘 가지고 불을 끄지? 입으로 불 수도 없고."

"자, 그러니까 머리를 써보자고, 머리를."

마리가 상황을 정리하기 시작했다.

"케미, 불이 타려면 뭐가 필요하지?"

"그 정도는 알지. 탈 수 있는 물질, 산소의 공급, 발화점 이상의 온도 유지라고."

"좋아, 그렇다면 불을 끄기 위해서는 어떻게 해야 할까?"

케미의 머릿속에 뭔가가 떠오르기 시작하였다.

"아, 그러니까 그 조건들 중에 한 가지를 차단해야 된다는 거지?"

"맞아. 제법 쓸 만한데? 내 남자 친구 자격이 있어. 난 역시 눈이 높다니까."

　마리가 잘난 척을 하고 있는 사이 케미는 머리를 굴리기 시작하였다. 마음은 급했지만 달리 방법이 없었다. 그때 마리가 다시 말을 꺼냈다.

　"케미, 소화기를 만들어보면 어떨까? 저 방에 있는 약품을 가지고 간이 소화기를 만드는 거야."

　"소화기라고? 그거야 내 전공이지. 불 내고나면 끄느라고 늘 고생했었거든. 식초하고 소다만 있으면 되는데. 식초하고 소다를 섞으면 이산화탄소가 나와서 그걸로 불을 끌 수 있거든."

　케미가 기억을 더듬으며 말하였다.

　"아, 이산화탄소는 불을 꺼지게 할 수 있어. 왜냐면 이산화탄소 때문에 산소의 공급이 부족하게 되거든. 한마디로 말해서 이산화탄소 때문이라기보다는 산소 부족으로 불이 꺼지는 것이지. 자, 그럼 우리 식초랑 소다를 찾아서 소화기를 만들어보자. 어, 케미, 어디 갔어?"

　마리가 연설을 하고 있는 사이 이미 케미는 실험실로 들어가 불을 끌 재료를 찾고 있었다. 하지만 잠시 후 케미는 빈손으로 나왔다.

　"왜 빈손으로 나오니, 케미?"

　"식초랑 소다가 없어."

　"아유, 정말 성질도 급하기는. 식초랑 소다는 정식 화합물 이름이 아니잖아. 정식 이름을 알아야 찾지. 선생님, 식초랑 소다의 정식 이름이 뭐예요?"

"역시 마리는 다르구나. 가르친 보람이 있어. 식초는 아세트산을 물에 섞어 놓은 것이니 아세트산(CH₃COOH)을 찾으면 되고, 소다의 정식 이름은 탄산수소나트륨(NaHCO₃)이야."

"좋아. 그럼, 이렇게 하자. 우리는 약품을 찾아오고 선생님은 소화기를 만들 만한 통을 찾아오는 거야. 각자 3분 이내에 찾아가지고 나오는 거다."

 패러데이 선생님의 반짝 특강 ------

식초와 소다를 섞으면 어떤 일이 일어날까?

식초의 아세트산과 탄산수소나트륨이 반응하면 이산화탄소가 발생한다. 이 반응을 식으로 쓰면 다음과 같다.

$$\underset{\text{(CH}_3\text{COOH)}}{\text{아세트산}} + \underset{\text{(NaHCO}_3\text{)}}{\text{탄산수소나트륨}} \rightarrow \underset{\text{(H}_2\text{O)}}{\text{물}} + \underset{\text{(CO}_2\text{)}}{\text{이산화탄소}} + \underset{\text{(CH}_3\text{COONa)}}{\text{아세트산나트륨}}$$

"알았어, 케미."
"가자!"

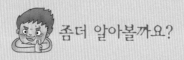 좀더 알아볼까요?

이산화탄소는 어떤 기체지?

이산화탄소는 탄산 가스라고도 하는 기체인데, 물에 녹으면 톡 쏘는 맛이 나기 때문에 청량 음료의 원료로 사용되기도 합니다. 최초로 이산화탄소에 대한 연구를 한 사람은 산소를 발견한 프리스틀리라는 과학자예요. 그는 목사로 재직하면서 수많은 기체들을 연구했는데, 특히 이산화탄소는 양조장(술을 만드는 곳이죠)에서 과일이 발효할 때 발생하는 기체를 연구하다가 알아냈답니다. 하지만 그로 인해 목사님이 점잖지 못하게 술 만드는 곳에 드나든다는 오해를 사기도 했어요. 하여간에 프리스틀리는 장차 탄산수가 사람들의 기분을 좋게 해줄 음료수가 될 거라는 것을 처음으로 파악한 사람이기도 하지요.

하지만 이 이산화탄소가 요즘엔 환경을 오염시키는 골칫거리로 등장하고 있답니다. 이산화탄소는 공기 중에 머물면서 지구를 따끈따끈하게 덥히는 역할을 해요. 이것을 지구 온난화라고 하는데, 이것 때문에 지구 평균 기온이 올라가서 여러 가지 문제를 일으키고 있지요.

세 사람은 동시에 문을 열고 안으로 뛰어 들어 갔다.

테이블 위에서는 조금 전과 마찬가지로 불이 타오르고 있었으나 다행히 약품 선반 쪽으로 불길이 번지지는 않은 상태였다. 케미와 마리는 약품 선반이 있는 곳으로 뛰어가 아세트산과 탄산수소나트륨을 찾기 시작했다. 약품 선반에는 염, 산, 염기, 중금속 등과 같은 라벨이 붙어있었다.

"케미, 이 약품들은 그룹으로 분류되어 있는 것 같아."

"맞아, 그럼 아세트산하고 탄산수소나트륨은 어느 그룹에 속하는 거지?"

"아세트산은 식초의 성분이라고 했잖아. 신맛이 나니까 산이겠지."

"그럼, 어서 산이라고 써 있는 선반 쪽으로 가서 아세트산을 찾아와. 난 탄산수소나트륨을 찾아볼게."

마리가 아세트산을 찾는 사이 케미는 고민을 하고 있었다.

'탄산수소나트륨은 어디에 속하는 거지? 내가 아는 거라곤 염화나트륨이 소금이고 그런 걸 염(Salt)이라고 한다는 것뿐인데. 에잇, 모르겠다. 염이라고 써 있는 선반 쪽을 뒤져봐야지.'

염이라고 써 있는 선반에는 무척 많은 약품들이 진열되어 있었다. 그중 나트륨이 들어가는 염들을 찾던 케미의 눈에 탄산수소나트륨이라고 써 있는 약품 병이 들어왔다.

'만세, 찾았다!'

케미가 탄산수소나트륨 병을 들고 문 밖으로 나가보니 이미 패러데이와 마리는 간이 소화기를 만들고 있는 중이었다.

"찾았구나, 케미."

아세트산 병을 들어 보이며 마리가 말하였다.

패러데이가 소화기로 만들려고 가지고 나온 것은 큰 유리병으로 아래 부분에 수도꼭지와 같은 것이 달려 있었다.

"이걸 가지고 어떻게 소화기를 만들지?"

"걱정 마. 이 오빠가 알아서 만들테니. 넌 구경이나 하라고. 이 유리병 속에 소다와 식초를 넣고 입구를 막은 다음, 아래 꼭지 부분에 호스를 연결하면 돼."

"아, 식초와 소다가 만나 이산화탄소가 발생하면 그 기체는 호스를 타고 밖으로 나온다 이거지? 그 호스 끝을 불 쪽으로 가져가면 되겠네?"

"당근이지. 이 호스만 끼우면 되는 거야. 자, 이제 필요한 준비물이 모두 있으니 불을 끄러 들어가 볼까?"

일행은 유리병 소화기와 약품을 들고 다시 방 안으로 들어갔다. 신기하게도 불은 별로 번지지 않은 것 같았다. 그들은 유리병에 아세트산을 한 병 부은 뒤 탄산수소나트륨을 넣자마자 재빨리 입구를 패러데이의 가방으로 틀어막았다. 아세트산과 탄산수소나트륨은 서로 섞이자마자 맹렬하게 반응하여 부글부글 끓어오르기 시작하였다. 이제 케미의 차례였다. 케미는 호스의 끝 부분을 쥐고 불 쪽으로 조심스럽게 다가갔다.

"케미, 조심해!"

마리가 걱정스러운 듯 소리쳤다.

'이산화탄소는 눈에 보이지 않으며 냄새도 없다. 하지만 이산화탄소가 공기보다 무겁다는 것 정도는 나도 알고 있어.'

케미는 호스를 불의 위쪽으로 갖다대었다. 유리병 안쪽은 여전히 부글거리며 기체가 발생하고 있었다. 이산화탄소 기체가 불 위로 쏟아져 나오자 얼마 후 불의 기세가 눈에 띌 정도로 수그러들었고, 5분 정도가 지나자 불은 완전히 꺼졌다.

"와, 만세! 불이 꺼졌어."

마리는 손뼉을 치며 기뻐했다.

"잘했다, 케미. 이번에도 역시 성공이구나."

그것을 바라보던 패러데이의 입가에는 약간 쓸쓸한 듯한 미소가 떠올랐다. 하지만 자신을 바라보는 케미의 눈길을 눈치 챈 듯 패러데이는 금방 평소와 같은 표정으로 돌아왔다. 그리고 케미의 어깨를 툭 치며 말하였다.

"뭐하니, 케미. 어서 문을 열지 않고."

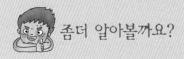

소화기라는 게 뭘까요?

마개를 거꾸로 풀면 빠진다.

황산알루미늄액

탄산수소나트륨 + 비눗물

　사용하는 약품이나 작동 방법에 따라 여러 종류가 있지만, 현재 사용되고 있는 소화기에는 포말 소화기, 분말 소화기, 할론 소화기, 이산화탄소 소화기 등이 있습니다. 이 중에서 케미 일행이 만든 것은 포말 소화기의 일종이에요. 포말 소화기는 단단한 구리 통에 탄산수소나트륨의 수용액이 들어 있고, 위쪽에 마개가 꼭 닫혀 있지 않은 병이 매달려 있는데, 그 안에 황산 또는 황산알루미늄 용액이 들어 있답니다. 소화기를 거꾸로 들면 황산 병의 마개가 빠지면서 탄산수소나트륨과 황산이 반응하며, 이때 이산화탄소가 발생하는 거예요. 결국 이산화탄소가 불 위를 덮음으로써 산소가 공급되는 것을 막아 주기 때문에 불이 꺼지게 되는 것입니다.

좌충우돌 실험실

식초와 소다의 반응

필요한 것들 : 유리병, 식초, 소다, 풍선, 스푼, 알루미늄 포일

먼저 유리병에 식초를 1/4 정도 넣어요. 소다 3-4스푼을 포일에 돌돌 말고 구멍을 몇 군데 내세요. 풍선은 미리 한번 불었다가 바람을 빼두어요. 이렇게 해야 풍선이 잘 늘어난답니다. 자, 이제 모든 준비가 다 되었으면 포일에 싸인 소다를 식초 속에 넣고 재빨리 풍선을 유리병 입구에 씌우세요. 이젠 기다리기만 하면 돼요. 점점 풍선이 부풀어 오르죠? 왜 그러냐고요? 그거야 소다와 식초가 반응해서 이산화탄소가 발생했기 때문이죠.

물 위에 불꽃을 피우다

"어라, 이번엔 웬 수영장이야."

마리의 말에 방 안을 살펴보니 정말 큰 수영장이 있었다. 가까이 다가가서 보니 맑은 물이 가득 차있었다. 물속을 유심히 살펴보던 패러데이가 말했다.

"어, 수영장 한 가운데 뭔가가 어른거리는구나."

케미와 마리도 그 말을 듣고 수영장 가운데 부분을 바라보았다. 정말 뭔가가 어른대고 있었다.

"저게 뭐지? 뭐라고 써 있는 것 같은데?"

"누군가가 헤엄을 쳐서 저기에 갔다와야 겠다."

"좋아, 좋아. 그럼 누가 헤엄을 치지? 난 헤엄을 잘 못 치는데……."

패러데이가 말꼬리를 흐렸다. 그러자 마리가 단호하게 얘기했다.

"저도 잘 못해요. 그러니 가위바위보로 결정해요. 제일 공평하게."

"좋아, 마리."

사태가 이렇게 되자 패러데이도 할 수 없이 가위바위보를 하기로 하였다.

93

"가위, 바위, 보!"

"난 가위."-케미

"나도 가위."-마리

"나, 나는 보자기." - 패러데이

"와, 우리가 이겼다!"

케미와 마리는 환호성을 질렀다.

하지만 패러데이는 물속에 들어가는 게 싫어서인지 트집을 잡기 시작했다.

"얘들아, 저 액체가 물이라는 보장이 어디 있니? 몸에 닿기만 해도 죽는 독약일 수도 있잖아."

케미는 짜증이 나려고 했다. 물인 것이 분명한데 갑자기 패러데이가 꽁무니를 빼는 것이 이해가 되지 않는 것이다.

"그럼, 내가 가지 뭐. 설마 죽기야 할라고."

케미의 말에 마리는 움찔하였다.

"케미, 너 괜찮겠어? 그래도 선생님 말대로 확인을 해보는 게 좋지 않을까?"

"아무 냄새도 없는 것을 보니 물이 맞아."

그러자 케미의 기분을 누그러뜨리려는 듯 패러데이가 끼어들었다.

"좋은 생각이 떠올랐다. 저게 물인지 아닌지 알아보면 되는 거지. 물질의 특성을 이용하는 거야. 사람들마다 얼굴이 달라서 구별하는 것처럼 물질들도 서로 구별되는 성질들이 있거든."

"어떤 게 있는데요?"

"끓는점, 용해도, 밀도, 비열…… 뭐 그런 것들이지."

패러데이 선생님의 반짝 특강

물질들을 구별하는 성질

물질은 각각의 고유한 성질을 가지고 있다. 물질마다 달라 서로를 구별할 수 있게 해주는 성질들을 물질의 특성이라고 하는데 그런 특성에는 여러 가지가 있다.

1. 녹는점(어는점) – 물 : 0℃
고체 물질이 녹아 액체 물질이 되는 온도
2. 끓는점 – 물 : 100℃
액체 물질이 끓어 기체가 되는 온도
3. 용해도
용매 100그램에 최대한 녹을 수 있는 용질의 양
4. 밀도(질량/부피) – 물 : 1 g/mL
단위 부피 당 질량
5. 비열 – 물 : 4.2 J/g · ℃
물질 1g의 온도를 1℃ 높이는 데 필요한 열 에너지

"그럼, 그 특성들 중에 가장 알아내기 쉬운 게 뭐예요?"

"아마, 밀도가 가장 쉬울 것 같다. 부피랑 질량만 재면 되니까. 밀도를 재서 1이 나오면 그건 물이라고 봐야지."

"좋아요, 그럼 뭐가 필요한 거죠?"

"질량을 재려면 액체를 담을 그릇, 즉 비커 같은 것과 저울이 필요하고, 부피를 재려면 눈금실린더 같은 것이 필요하지."

"어, 그럼 그런 것들을 어디서 구하죠?"

"무슨 걱정이냐, 아까 그 방이 실험실이었잖아. 비커나 저울쯤은 분명 있을 거야."

"좋아요, 그럼 저희가 필요한 걸 가져올게요."

마리는 뚱한 표정으로 듣고 있던 케미의 옆구리를 쿡쿡 찔렀다. 케미는 마지못해 마리와 함께 실험실로 향하였다. 아까 불이 났던 실험실은 아무 일 없었다는 듯이 말끔하게 치워져 있었다. 마리와 케미는 나타났다 사라지는 것들에 조금씩 익숙해져 가는 터라 크게 놀라지는 않았다.

"케미, 얼굴 좀 펴. 내가 읽은 책에서도 물과 비슷하게 보이는 독약들이 많이 나와. 선생님이 우릴 골탕 먹이려고 일부러 그러시는 건 아닐 거야."

"그렇지만 굳이 이렇게 물인지 확인까지 할 필요가 뭐있어. 그냥 내가 헤엄을 치고 말지."

케미는 투덜거리면서도 결국 마리와 함께 실험실 여기저기를 뒤져서 비커, 눈금 실린더, 그리고 저울을 찾아냈다. 그들이 돌아오자 패러데이는 비커를 들고 수영장 속의 액체를 반 정도 담아가지고 왔다.

"이왕이면 눈금에 딱 맞게 100밀리리터를 가져오시지 그래요, 선생님?"

"비커의 눈금을 믿는다고? 그럼 안 돼지."

 패러데이 선생님의 반짝 특강

기구

실험실에 있는 기구들 중에는 눈금이 있는 것이 많습니다. 그러나 어떤 눈금은 매우 대충 매겨져 있습니다. 따라서 믿어야 할 눈금과 믿지 말아야 할 눈금이 있다는 것을 반드시 알아두시기 바랍니다.

믿어도 될 눈금 : 눈금 실린더, 피펫, 뷰렛, 메스 플라스크
믿지 말아야 될 눈금 : 비커, 삼각 플라스크, 코니컬 비커

"또, 밀도란 그 양에 따라 달라지지 않고 일정하기 때문에 얼마를 떠와도 아무 상관없어요."

"어, 그렇지만 선생님, 비커에 많이 담으면 무거워지니까 질량이 달라지잖아요."

"그래, 그런데 질량만 달라질까?"

"아하, 질량이 무거워진 만큼 부피도 커지는 구나. 밀도는 질량을 부피로 나눈 것이니까 일정하게 나오겠네."

이제야 이해했다는 듯 마리가 말하였다.

"자, 그럼 이제 이 액체의 질량을 재볼까?"

"저울 위에 올려 놓아보세요. 음, 질량은 50그램이네."

"이제 그 액체를 눈금 실린더에 부어서 부피를 재면 되지."

"좋아, 케미. 부피는 내가 잴게. 한 눈금에 1밀리리터씩이군. 그러면 33밀리리터네."

"좋아, 그럼 질량과 부피가 모두 나왔으니 밀도를 계산해보자.

실험 결과

액체의 질량 : 50g
액체의 부피 : 33mL
액체의 밀도
질량/부피 = 50/33
≒ 1.51 (g/mL)

"오이? 이건 물이 아니잖아. 물의 밀도는 1인데……."

이들이 머리를 맞대고 계산을 하고 있는 사이 케미는 살금살금 걸어서 수영장 쪽으로 다가갔다.

풍덩!

그 소리를 들은 마리가 눈을 돌리다가 케미가 헤엄치고 있는 것을 보고 비명을 질렀다.

"케미, 너 뭐하는 거야? 그거 물이 아니란 말이야. 어서 나와!"

하지만 케미는 들은 척도 하지 않고 열심히 수영장 가운데를 향해 팔을 젓고 있었다.

"어서 나오지 못해! 죽으면 어쩌려고 그래!"

이제 케미는 수영장 가운데 부분에 거의 접근을 하였고, 잠시 후 케미의 머리가 물속으로 들어갔다.

"안돼, 케미 안돼! 잠깐 기다려, 내가 도와줄게."

마리는 급하게 수영장 쪽으로 달려가기 시작했다. 그때였다. 패러데이의 목소리가 허공을 갈랐다.

"괜찮다, 마리. 저건 물이 맞아."

"뭐라고요? 밀도가 1.51인데 무슨 물이에요?"

"아까 우리가 실수를 한 게 있다. 액체의 질량이 틀렸어. 이 액체의 질량은 50그램이 아니야. 그건 비커의 질량까지 합해진 거잖니?"

그제서야 마리는 정신이 드는 느낌이었다.

"아, 맞다. 그렇네요. 빈 비커의 질량을 빼야 되는 거네요."

"그래, 이게 내가 다시 계산한 거야."

최종 실험 결과

액체의 질량 : 50.0g

비커의 질량 : 17.2g

액체만의 질량

50.0 - 17.2 = 32.8(g)

액체의 부피 : 33.0(mL)

액체의 밀도

질량/부피 = 32.8/33.0

≒ 0.99 (g/mL)

"아, 다행이다. 물이 맞군요."

수영장 안쪽으로 잠수했던 케미는 푸푸거리며 물 위로 떠올라서 이쪽으로 헤엄쳐오기 시작하였다.

"케미야, 뭐라고 써 있더냐?"

패러데이가 수영장에서 나온 케미에게 물었다. 케미는 자신을 외면하고 있는 마리 쪽을 힐끗 보고나서 씩 웃더니 자랑스럽게 말하였다.

"'보라색 불꽃이 물 위에 피어오르면 다음 문이 저절로 열린다'고 써 있었어요. 마리, 네 생각은 어때?"

그때까지도 얼굴이 굳어있는 마리를 보며 슬쩍 말을 걸어보았지만 마리는 대꾸도 하지 않았다. 케미가 위험할 수도 있는 수영장에 뛰어들었던 것에 단단히 삐친 모양이었다. 하지만 케미는 아랑곳하지 않고 마리를 향해 말을 이어갔다.

"마리, 작년에 학교에서 화약을 만들다가 실패했었던 적이 있었잖아. 그때 선생님이 대신 뭐 재밌는 거 보여준다고 물 위에 뭔가를 던졌더니 부글부글 끓다가 불이 붙었던 거 기억 나?"

하지만 여전히 마리는 못 들은 척 하고 있었다.

"그게 이름이 뭐였더라. 어, 나……."

"나트륨이야, 나트륨!"

듣기만 하던 마리가 드디어 입을 열었다.

"역시 마리 넌 기억력이 좋구나. 난 물에 불이 붙었던 것만 기억나는데."

"그런데 그때 나트륨은 물 위에서 불이 붙긴 했는데, 노란색 불꽃이었어."

"맞다, 노란색이었지. 그럼 보라색 불꽃을 내는 건 뭐지?"

"내 기억이 맞다면 칼륨일 거야."

"그럼 칼륨을 수영장에 던지면 되는 거네. 간단하잖아. 별거 아니네."

옆에서 듣기만 하던 패러데이가 입을 열었다.

"얘들아. 내 얘기 좀 들어보렴."

"네, 선생님."

"칼륨을 쓰면 물 위에 보라색 불꽃을 피울 수는 있다. 하지만 칼륨 덩어리를 물에 던지는 것은 무척 위험해. 잘못하면 큰 폭발이 일어나서 목숨을 잃을 수도 있고, 물이 눈에 튀면 눈이 멀 수도 있어."

"칼륨은 물에 닿자마자 터지나요?"

"아니, 시간이 조금 걸리지."

"그럼 좀 조심하죠 뭐. 던지고 막 도망치면 되잖아요. 걱정 마, 마리. 이 케미님을 믿으라고. 난 칼륨을 찾아올래."

"나도 같이 가, 케미. 그런데 선생님, 실험실의 약품들은 그룹별로 정리가 되어있던데, 칼륨은 어느 그룹에 속하는 거예요?"

"알칼리 금속이라는 그룹에 속한단다."

패러데이 선생님의 반짝 특강

알칼리 금속이란?

알칼리 금속은 주기율표(원소들을 원자번호 순으로 늘어놓아 성질이 비슷한 것들끼리 모아놓은 표)의 가장 왼쪽 줄에 있는 1족 원소들을 가리킨다. 이 원소들은 모두 반응성이 커서 물과 폭발적으로 반응한다. 그때 수소 기체가 발생하며, 남은 용액은 알칼리성을 띤다. 리튬(Li), 나트륨(Na), 칼륨(K), 루비듐(Rb), 세슘(Cs)이 여기에 속한다. 각 금속을 포함하고 있는 염을 불꽃에 넣으면 각각 특유의 불꽃색을 나타내며, 이를 불꽃 반응이라고 한다.

리튬(Li) : 붉은색, 나트륨(Na) : 노란색, 칼륨(K) : 보라색, 루비듐(Rb) : 빨간색, 세슘(Cs) : 파란색

한편, 알칼리 금속보다는 반응성이 약하지만 주기율표의 2족 원소들(알칼리 토금속)도 위험하므로 주의해야 한다. 마그네슘(Mg), 스트론튬(Sr), 칼슘(Ca), 바륨(Ba), 라듐(Ra) 등이 여기에 속한다.

실험실로 되돌아간 케미는 쉽게 칼륨을 찾아냈다. 그런데 특이하게도 칼륨은 기름처럼 보이는 액체 속에 담겨있었다.

"선생님, 여기 칼륨 가져왔어요. 그런데 이 기름 같은 게 뭐죠?"

"아마 액체 파라핀일 거야."

"액체 파라핀이요? 왜 칼륨은 거기에 담가두는 거예요?"

"이 금속은 공기 중에 놓아두면 산화돼서 부스러지거든. 그래서

액체 속에 넣어두지."

"아, 물속에 넣어두면 터지니까 기름 같은 액체 속에 넣어두는 거군요."

"맞다. 그건 그렇고, 일단 칼륨 덩어리를 물에 던지고 나면 최대한 빨리 뛰어서 문 쪽으로 와야 한다. 알겠지, 케미?"

"몸 조심해. 빨리 뛰는 거 잊지 말고."

"그래, 알았어. 먼저 문 쪽에 가 있어. 걱정 마세요, 잘 할게요. 칼륨을 꺼내서 던지면 되는 거죠?"

케미가 칼륨 덩어리를 손으로 꺼내려하자 패러데이가 깜짝 놀라서 말했다.

"아니, 그걸 손으로 꺼내면 어떡해? 손에 있는 땀 때문에 터질 텐데. 칼륨은 물에 닿으면 폭발한다니까. 절대, 맨손으로 만지면 안된다. 물기가 전혀 없는 장갑을 끼고 조심해서 다뤄야지."

마리가 잽싸게 실험실에 달려가 장갑을 가지고 와서 건네주었다.

"고마워."

마리에게 웃어 보이고 난 뒤 케미는 조심스럽게 칼륨을 꺼내들었다. 회색빛이 도는 것이 금속으로는 보이지 않았다. 그런데 이것이 금속이며, 게다가 물에 넣으면 터진다니 믿어지지 않았다. 하지만 겁이 나서 오래 들고 있을 수는 없었다. 케미는 천천히 심호흡을 하고 수영장을 향해 칼륨을 던졌다.

휘익-.

퐁당.

케미의 손을 떠난 칼륨이 포물선을 그리며 수영장 가운데로 떨어졌다.

케미는 걸음아 날 살려라 하며 뛰어 마리가 있는 문 쪽에 도착했다. 멀리서 보니 칼륨이 닿은 주변의 물이 부글부글 끓어오르고 있었다. 그리고 잠시 후 '픽' 소리가 나면서 드디어 칼륨에 불이 붙었다. 아름다운 보라색이었다.

"저것 좀 봐. 정말 보라색 불꽃이야. 와, 정말 멋진걸."

"아직 움직이면 안 된다. 잠시 후에 폭발이 일어날 거야. 그때까지는 위험하니까 가만히 있어야 돼."

펑!

잠시 후 큰 소리와 함께 커다란 물기둥이 솟아올랐다. 마치 물속에서 큰 폭탄이 터진 것 같았다. 정말 무섭고도 짜릿했다.

"와, 정말 멋있다. 케미, 물기둥 솟아오르는 거 봤지?"

"그래, 멋있더라. 그치만 만약 가까운 데서 터진다면 정말 끔찍하겠어."

신문 기사 한 토막

1998년 10월 01일(목)

9월 30일 오후 10시 10분께 경북 포항시 연일읍 오천리 쇳물 정화 약품 생산 공장인 ㅅ 금속에서 보관중인 칼슘이 빗물과 화학반응을 일으키면서 백여 차례에 걸쳐 연쇄 폭발, 1일 오전 7시까지 계속됐다.

이날 1차 폭발로 수십여 차례의 폭발음과 함께 50미터 높이의 불꽃이 하늘로 치솟았으며 1일 오전 2시께 2차 연쇄폭발이 발생한 뒤 오전 7시까지 간헐적인 폭발이 이어지자 인근 주민들은 폭발음 때문에 잠을 설치는 등 밤새도록 불안에 떨었다.

경찰은 칼슘이 보관된 드럼통에 빗물이 들어가면서 칼슘과 물이 섞이면서 반응을 일으켜 자연 폭발한 것으로 보고 정확한 사고 원인을 조사 중이다.

이런 이런. 물이 들어가서 폭발사고가 일어났군. 그러기에 조심하라고 그렇게 주의를 줬는데, 에잉.

너나 잘해, 케미. 물인지 아닌지도 확인 안하고 그냥 퐁당 뛰어드는 경우가 어디 있니?

"야, 이런 금속들이 있는 공장에 불이 나면 절대 물을 쓰면 안 되겠네요."

케미가 뭔가 깨달았다는 듯이 이야기하자, 마리도 맞장구를 쳤다.

"맞아요, 아무 불이나 물로 끌 수 있는 것은 아니죠?"

"지나갔으니 말이지만 난 칼륨을 써야한다는 생각이 들었을 때 케미의 아빠를 원망했다. 옛날에 나트륨으로 실험하다가 폭발이 일어난 적이 있거든. 그때의 악몽이 떠올라서 말이야. 그렇지만 다행히도 사고 없이 잘 해냈구나."

'혹시 아빠는 내가 선생님과 함께 가고 있는 것을 알고 계신 것은 아닐까?'

다음 문을 향해 가는 선생님의 뒷모습을 보며 케미는 그런 생각을 하고 있었다.

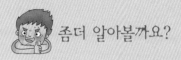 좀더 알아볼까요?

칼라 불꽃은 어떻게 만들까요?

불꽃 놀이를 할 때 하늘을 수놓는 수많은 불꽃들은 매우 아름답지요. 노란 색, 녹색, 파란색, 빨간색 등의 불꽃은 어떻게 만드는 것일까요? 화약의 재료에 색깔을 낼 수 있는 물질을 섞어주는 것이랍니다. 그런 물질로는 주로 금속 염들이 많이 쓰이는데, 가열했을 때 색깔이 나타나는 불꽃 반응을 이용한 것이지요. 요즘에는 이 원리를 이용한 칼라 불꽃 양초도 개발되어 있어요. 불꽃 색을 나타내는 금속 원소들은 알칼리 금속 원소들, 칼슘(Ca), 스트론튬(Sr), 바륨(Ba), 구리(Cu) 등이랍니다.

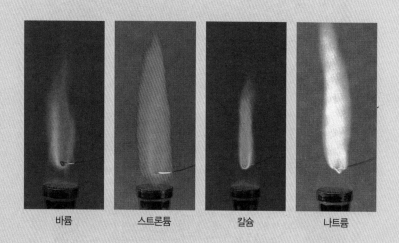

바륨   스트론튬   칼슘   나트륨

둥실둥실 기구 띄우기

이제 절반을 넘었다고 생각을 하니 마음에 약간의 여유가 생겼다. 아까 수영 사건 때문에 옥신각신하던 케미와 마리는 그새 화해를 했는지 묵찌빠 게임을 하며 깔깔대며 웃고 있었다.

"너네들, 화해를 한 모양이구나. 아까는 사랑싸움이었나 보지?"

패러데이의 놀림에 케미의 얼굴이 홍당무가 되었고, 마리는 즉각 변명을 늘어놓았다.

"어유, 선생님도. 제가 얼마나 눈이 높은데 케미랑 상대를 하겠어요. 인생이 불쌍해서 같이 놀아주는 거죠. 이거 보세요. 묵찌빠도 저한테 상대가 안된다고요."

케미가 어색함을 모면하려는 듯 끼어들었다.

"자, 문을 엽니다. 각오하세요."

케미는 조심스럽게 문의 손잡이를 돌렸다. 이제 문을 여는 것에 익숙해질 때도 됐지만 그래도 문을 열 때는 늘 조마조마하기만 하다.

"저게 뭐야?"

"기구 같은데? 이게 이번에 해결해야 할 과제인가?"

이번에도 역시 패러데이가 과제를 찾았다.

이 기구를 띄워라!

"기구를 띄우라고? 그럼 열기구를 만들면 되겠네?"

"기구에도 여러 가지가 있잖아. 애드벌룬 같은 가스 기구도 있어."

"애드벌룬에는 뭐가 들어있는 거야?"

"아마, 헬륨일 걸. 그거 마시면 목소리가 이상해지잖아."

"그럼, 헬륨 기체를 실험실에서 찾아봐야겠다."

하지만 잠시 후 케미는 낙담한 모습으로 돌아왔다.

"가스 탱크가 없어. 마리, 이젠 어쩌지?"

"케미, 헬륨 말고 더 가벼운 기체를 쓰자."

"그게 뭔데?"

"수소 기체야. 수소가 헬륨보다 더 가벼워."

"그런데, 수소 기체는 어떻게 만드는 거야?"

"글쎄……."

아이들이 난관에 부딪치자 패러데이가 끼어들었다.

"걱정 마라. 방법이 있어."

태평한 패러데이의 말에 둘은 금새 얼굴이 밝아졌다.

"정말요, 선생님? 쉽게 만들 수 있어요?"

"그래, 헬륨 기체는 어려우니, 수소 기체를 만들자. 자, 얘들아, 수소 기체는 어떻게 만들지?"

갑작스런 패러데이의 질문에 케미는 잠시 말문이 막혔다. 하지만 예전에 배웠던 것을 생각해보니 뭔가가 떠올랐다.

"아, 물을 전기 분해하면 되잖아요. 물을 분해하면 수소와 산소가 얻어진다고 배웠던 것 같은데요?"

 패러데이 선생님의 반짝 특강

물의 전기 분해

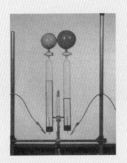

물에 전기가 잘 흐를 수 있도록 약품을 조금 탄 후에 전기를 흘려보내면 물이 분해되어 수소 기체와 산소 기체가 발생한다.

이때 (−)극에서는 수소 기체가, (+)극에서는 산소 기체가 발생하는데, 두 기체의 부피비는 2 : 1이다.

$$\text{물} \xrightarrow{\text{전기 분해}} \text{수소} + \text{산소}$$
$$(2H_2O) \qquad\qquad (2H_2) \qquad (O_2)$$

"제법이구나, 케미. 물을 전기 분해하면 수소 기체를 얻을 수 있 긴 한데, 저 기구가 뜰 만큼의 수소 기체가 모이려면 시간이 너무 많이 걸릴 거다. 다른 방법을 쓰는 게 좋겠어."

"다른 방법 어떤 거요?"

"최초로 수소 기체가 든 가스 기구를 날린 사람은 샤를인데, 그의 방법을 흉내내 보는 게 좋겠다."

"그 샤를인가 뭔가 하는 사람은 어떻게 해서 수소 기체를 모았대 요?"

"그 사람은 금속과 산을 썼어."

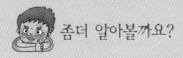 좀더 알아볼까요?

샤를과 수소 기구

'샤를의 법칙'으로 유명한 프랑스의 과학자 샤를은 몽골피에 형제가 열기구를 만들었다는 이야기를 듣고 자신도 기구를 만들기로 하였다. 샤를은 뜨거운 공기 대신 수소 기체를 쓰기로 하였다. 그는 비단으로 지름 4미터가 되는 공을 만들고, 철과 황산을 섞어 수소 기체를 발생시킨 후 그 기체를 공 안에 모았다. 마침내 광장에서 기구를 띄우려고 하자, 사람들이 너무 많이 몰려들어 군인들이 질서 유지를 맡아야 할 정도였다. 오후 5시 드디어 땅에 고정시키고 있던 밧줄을 끊자 순식간에 하늘로 치솟은 기구는 2분 만에 천 미터 가까이 올라가고도 계속 구름 사이를 뚫고 올라갔다. 그 광경을 지켜보던 사람들은 너무나 열광하여 비에 젖는 것도 아랑곳하지 않았다고 한다. 이 기구는 샤를의 예상과 달리 40분 만에 파리에서 조금 떨어져 있는 시골 마을에 떨어졌다. 하늘 위의 기압이 낮아 기구가 찢어졌기 때문이다. 기구가 떨어진 마을에서는 일대 소동이 일어났으며, 어느 용감한 사람이 총을 쏘아 그 괴물을 죽이는(?) 일도 일어났다. 결국 기구 속에 들어있던 샤를의 메모를 보고 그 마을 사람들은 괴물이 살아있는 짐승이 아니라는 것을 알았다고 한다.

"그러니까 산에 금속을 넣으면 수소 기체가 나온다는 말씀이시죠?"

"그래, 샤를이 성공한 걸 보면 우리도 똑같은 방법을 쓸 수 있다는 얘기지."

"좋아요, 선생님. 그럼 저희가 금속과 산을 가져올게요."

"아니다. 이번에는 나도 함께 가자. 어떤 산을 쓸지, 어떤 금속을 쓸지 골라야 하니까 말이야."

일행은 실험실로 돌아갔다.

"음, 산은 황산으로 해야겠다. 다른 산보다 유독 가스가 덜 나오거든. 이걸 희석해서 가져가마. 너희들은 아연이나 마그네슘이라고 써 있는 금속을 찾아봐."

"선생님, 샤를은 철을 썼다면서요?"

"철보다 좀더 반응성이 큰 금속을 쓰는 게 좋을 것 같아서 말이야."

"아, 네. 저희가 찾아올게요."

잠시 후 그들은 각자 준비한 것들을 가지고 머리를 맞대었다.

묽은 황산은 패러데이 선생님이 준비했으며, 케미와 마리는 아연 덩어리를 잔뜩 가져왔다. 그런데 패러데이의 손바닥에 붕대가 칭칭 감겨 있었다.

"선생님, 어디 다치셨어요?"

"음, 이건 말이다. 급하게 황산을 묽히느라고 물에다 황산을 마구 부었더니 너무 뜨거워져서 화상을 입었지 뭐냐. 황산이 물과 섞일 때 열이 많이 나거든. 화학을 가르치는 입장에서 조금 창피하구나, 하하."

"아유, 조심하시지 그러셨어요. 그래도 크게 안 다치신 게 다행이네요. 어서 기구를 만들어요."

"그래. 자, 이제 기구에 수소 기체를 채워볼까?"

그들은 커다란 유리병에 황산과 아연을 넣었다. 아연이 들어가자마자 황산이 부글거리면서 끓기 시작했다. 케미가 재빨리 기구의 입구를 벌려 유리병 위쪽에 대자 기구는 조금씩 부풀기 시작했다.

118

"우와, 커진다, 커져!"

시간이 흐르자 기구는 잡고 있기 어려울 만큼 부풀었고 줄을 놓자 두둥실 떠올라 천장에 닿았다.

"떴다, 떴어. 기구가 떴어!"

"와, 이번 과제도 해결했네. 어서 다음 문으로 가자."

 패러데이 선생님의 반짝 특강

산과 금속이 만나면 어떤 일이 생기지?

대부분의 금속은 산과 반응하여 수소 기체를 발생하며 녹게 됩니다.

$$\underset{(H_2SO_4)}{황산} + \underset{(Mg)}{마그네슘} \rightarrow \underset{(MgSO_4)}{황산마그네슘} + \underset{(H_2)}{수소}$$

산과 사람이 만나면 어떻게 되지?

강산(염산, 질산, 황산)의 산화력이 매우 크기 때문에 사람의 목숨을 빼앗아갈 수 있습니다. 염산을 음료수로 속여 사람을 살해하는 수법은 예전부터 추리 소설에 종종 등장하는 소재이며, 심지어 죽인 사체를 황산에 담가 모두 녹여 없앤 엽기적인 사건이 발생한 적도 있었어요. 실수로 강산이 피부에 닿을 경우 가장 좋은 응급처치는 흐르는 물로 계속 씻어내는 것입니다. 물론 환자를 병원으로 빨리 옮기는 것이 더욱 중요하지요. 모두 모두 강산 조심!

그런데 이상한 일이었다. 과제를 해결하면 나타나곤 했던 문이 이번에는 나타나지 않는 것이다.

"어, 왜 다음 문이 안 나타나는 거죠?"

영문을 모르기는 모두 마찬가지였다.

"글쎄, 우리가 뭔가 과제를 잘못 해결한 건가? 이상하다, 분명 과제는 기구를 띄우는 것이었는데……."

그때 뭔가 짚이는 것이 있는 듯이 마리가 과제가 적혀있던 벽 쪽으로 뛰어갔다.

"선생님, 이게 뭐예요. 뒤에 뭐라고 더 써 있잖아요."

"뭐라구? 그 뒤에 뭐가 더 써 있단 말이냐? 아뿔싸! 뭐라고 써 있니, 마리?"

"'그리고 그 기구를 폭파시켜라!' 라고 써 있어요."

케미가 무릎을 탁 쳤다.

"어쩐지, 이번엔 불꽃이 없다 했어. 여태까진 과제마다 늘 불꽃이 있었잖아."

패러데이가 자신의 실수를 만회하려는 듯 급하게 말했다.

"이, 이런. 알았다, 알았어. 내 실수구나. 이건 내가 책임지고 방법을 고안해야겠다. 다행히 수소 기체는 폭발성이 있거든. 불만 붙이면 된다."

이들은 기구를 매 놓았던 밧줄의 끝에 불을 붙이기로 하였다. 불이 밧줄을 따라 타들어 가면 마치 도화선처럼 기구에 불을 붙일 수 있을 것이다. 케미는 기구에 매달려 있는 밧줄 끝을 잡고 마리에게 내밀었다.

"자, 어서 불을 붙여봐."

패러데이는 아이들을 방의 한쪽 구석으로 모이게 하였다.

"위험하니까 기구에서 멀리 떨어져라. 수소가 폭발할 때는 엄청난 소리와 불덩어리가 생기거든."

이들은 숨을 죽이고 타들어가는 밧줄을 바라보았다. 잠시 후 불꽃이 기구에 도달한 순간, 깜짝 놀랄 만큼 커다란 소리가 나며 기구가 폭발하였다.

쾅!

"으악!"

패러데이의 경고에도 불구하고 아이들은 큰소리에 깜짝 놀라 소리를 질렀다. 건물 전체가 울릴 정도로 엄청난 소리였으며, 기구는 형체를 알아볼 수 없을 정도로 산산조각 나 있었다. 폭발하는 소리가 신호였는지 드디어 문이 나타났다.

"케미, 너 불덩어리 봤어? 정말 굉장하더라. 와우, 멋져. 나중에 내가 쓸 소설에 반드시 넣어야지."

마리가 눈을 반짝이며 말하였다. 아닌게 아니라 폭발은 정말 멋졌다.

"그 기구에 너희가 타고 있었다고 생각해봐라. 아마 생각이 달라질걸?"

패러데이가 놀리듯 말하였다.

"아유, 선생님, 그런 끔찍한 말씀일랑 하지 마세요. 생각만 해도 소름끼쳐요."

"하하하-."

그들은 유쾌하게 웃고 다음 문을 향해 갔다.

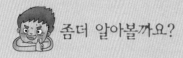 좀더 알아볼까요?

수소 비행선의 폭발

예전에 독일에서는 수소 기체를 채운 비행선을 사용하여 사람들을 수송하였다. 그러나 1937년 5월 6일 힌덴베르크(Hindenberg) 호의 폭발 사건 이후로는 수소 비행선을 사용하지 않았다. 힌덴베르크 호는 독일의 거대한 여행용 비행선으로 뉴저지 공항에 착륙하기 위해 순항하고 있었다. 그런데 갑자기 비행선에서 발생한 불꽃으로 수소 기체가 점화되면서 비행선이 폭발하였고, 이로 인해 승객 35명이 사망하였다.

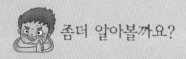

수소를 태우는 자동차를 알고 있나요?

현재 우리가 가장 많이 사용하는 에너지는 석유입니다. 그러나 석유는 매장량에 한계가 있지요. 그래서 석유를 대신할 연료에 대한 연구가 진행되고 있습니다. 그중에 '수소'도 있어요. 수소는 물에서 얻을 수 있으며, 타면 다시 물로 되돌아가기 때문에 공해가 없습니다. 게다가 휘발유보다 많은 에너지가 나와요. 그런데 왜 아직 수소 자동차가 쓰이지 못하느냐면, 첫째로 수소는 쉽게 불이 붙는답니다. 따라서 특별한 안전장치가 개발되어야 합니다. 둘째로 저장 기술의 문제예요. 수소는 가볍지만, 부피가 커서 많은 양의 수소를 저장하기 위해서는 고압으로 압축해야 해요. 대안으로 수소저장합금이 제시되고 있지만 너무 무겁습니다.

하지만 사람들이 열심히 연구하고 있으니 곧 멋진 수소 자동차가 나올 거예요.

 좌충우돌 실험실

수소 풍선의 폭발
(반드시 선생님과 함께 안전한 곳에서 해야 합니다. 매우 위험해요!)

필요한 것들 : 풍선, 삼각 플라스크, 아연, 황산, 종이, 가위, 테이프, 라이터

먼저 황산 용액을 만들어야 해요. 황산을 묽힐 때는 반드시 물에다 황산을 조금씩 넣어가며 묽혀야 해요. 2 : 1이 되도록 섞어 주세요. 열을 식히기 위해 찬물에 담가 두고 하는 게 좋아요. 황산이 만들어지면 삼각 플라스크에 약 100밀리리터 정도를 넣어요. 풍선은 한번 불었다가 바람을 빼두어서 준비해야죠. 준비가 다 끝나면 아연 덩어리를 플라스크에 넣고 재빨리 풍선으로 입구를 씌우세요. 아연과 황산이 만나서 기체가 부글거리는 것이 보일 거예요. 시간이 지나면 풍선이 점점 부풀어서 커진답니다. 풍선이 아기 머리 정도 크기로 커지면 풍선을 빼서 입구를 묶으세요. 그리고 종이를 길게 잘라 만든 도화선을 풍선의 입구 부근을 테이프로 붙이고, 도화선의 끝 부분에 불을 붙여 풍선을 놓으세요. 천장에 닿은 풍선에 도화선이 점점 타들어가다가 '쾅' 소리와 함께 터질 거예요. 소리 정말 크죠? 이게 다 수소 때문이랍니다.

감자대포

여섯 번째 문을 열고 들어선 케미 일행은 깜짝 놀랐다.

"아니, 이게 웬 대포야?"

방 안에는 정말 대포처럼 생긴 물건이 있었고, 거기엔 이번의 과제가 적혀 있었다.

감자로 문을 부수어라!

케미와 패러데이는 합창을 하듯이 과제를 읽었다.

"감자로 문을 부수라고? 어떻게?"

"이 대포를 이용하라는 말인가 봐, 케미."

"이게 어떻게 쏘는 거지?"

"나도 책에서만 봤지. 한번도 직접 쏘는 것을 본 적이 없는데."

이들은 무기라는 것을 사용해본 적이 없었다. 사이언랜드에서는 사람의 목숨을 빼앗는 무기의 사용이 금지되어 있었던 것이다.

"뭐, 좀 살펴보면 알 수 있겠지. 까짓거 별거 아닐 거야."

"그래, 케미. 그게 너의 진정한 장점이야. 하면 된다는 그 정신, 단순 무식과 일맥상통하긴 하지만……."

이들은 대포를 찬찬히 살펴보기 시작했다. 대포의 아래 부분에는 양쪽으로 못 같은 것이 튀어나와 있었으며, 못의 양쪽 머리에는 전선이 감겨서 검은 박스에 연결되어 있었다. 검은 박스에는 스위치처럼 보이는 것이 있었다. 시험 삼아 스위치를 눌러보자 대포의 총신 안쪽에서 '딸깍, 딸깍' 하는 소리가 들렸다.

"어, 안쪽에서 스파크가 튄다. 이게 점화 장치인가 봐."

포신 안쪽을 들여다보던 마리가 말하였다.

"스파크가 튄다고?"

"그래."

"아, 그럼 이게 라이터 속에 들어있는 따닥이 같은 건가 보다."

"따닥이가 뭐야?"

"라이터를 분해하면 속에 들어있는 건데, 누르면 전기가 올라. 디게 따가워."

"물건을 많이 해부해본 보람이 있네."

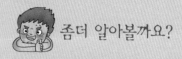

압전세라믹에 대하여

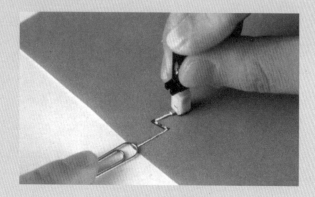

가스레인지를 켤 때 '따다다닥' 하며 스파크 튀는 거 보셨나요? 그게 바로 압전세라믹이라는 물질이랍니다. 라이터 속에도 들어있는데요, 보통 점화 장치로 사용됩니다. 이 물질은 눌러주면 고전압이 발생하여 스파크가 일어나요. 눌러주면 고전압이 발생하는 현상을 압전 현상이라고 하는데, 프랑스의 자크 퀴리와 피에르 퀴리 형제가 처음 발견하였습니다. 피에르 퀴리는 마리 퀴리의 남편으로 유명하지요. 이 발견 이후에 압전세라믹을 사용하는 여러 가지 발명이 뒤따랐습니다. 마이크, 스피커, 초음파 탐지기 등등이에요.

"에, 또 그럼 이게 점화 장치고, 포탄은 어디 있지? 아! 이 감자가 포탄이라는 말이군."

케미가 대포 옆에 있는 감자를 가리키며 말했다.

"그런데 이 감자로 어떻게 문을 뚫어?"

마리가 감자 한 개를 들어 바닥에 내려치자 감자는 산산조각이 나 버렸다.

"괜찮아, 날 믿어. 보통 대포는 도화선이 달린 포탄에 불을 붙여 발사하니까."

"감자에는 도화선을 붙일 수가 없잖아."

"그건 그렇지. 그러니까 지금부터 연구를 해야지. 마리, 너의 빛나는 머리를 쓸 때가 온 거야. 어서 아이디어를 내보라고."

케미는 지금까지 애써 헤쳐 온 각 과제들을 떠올리며 불과 폭발을 연결시키는 고리를 찾으려고 애썼다.

"분명히 폭발이라는 것도 불꽃과 관계가 있을 텐데……."

"케미, 뭐라고 혼자 중얼거리는 거야? 뭔가 떠오르는 게 있으면 얘기 좀 해봐."

"아니, 그러니까 앞의 과제들은 전부 불꽃과 관계가 있었잖아. 만약, 저 대포 안에서 뭔가가 타면 어떻게 되지?"

"화염방사기처럼 그냥 불꽃만 나오지 않을까?"

"입구를 막으면 어때?"

"아, 맞아. 감자로 입구를 막고 그 안에서 불이 붙으면 감자가 튀어나갈 수 있겠다. 케미, 너 대단한데. 어느새 나보다 추리를 잘하는 것 같아. 나중에 나랑 같이 소설 쓰자."

"선생님, 왜 그런 표정으로 절 보세요?"

패러데이의 복잡한 시선을 느낀 케미가 물었다. 패러데이는 서둘러 얼굴 표정을 바꾸고는 애써 태연하게 대답했다.

"아니다. 케미, 네 생각이 너무 훌륭해서 감탄한 거야."

케미는 패러데이의 말을 듣고 석연치 않은 생각이 들었지만 더 이상 오래 생각할 시간이 없었다.

"그럼 케미 네 말대로 해보자."

"아, 그렇지. 여기에 점화 장치는 있으니까 그걸 쓰면 되고……."

"내부에서 폭발을 일으키려면 탈 수 있는 무엇인가가 있어야겠어."

"그럼 잘 탈 수 있는 물질이 필요하겠네?"

"그래, 그럼 쉽게 탈 수 있는 물질을 찾아서 폭발을 일으켜보자."

가연성이 있는 물질은 엄청나게 많았지만, 이들은 간편하게 쓸 수 있는 알코올을 사용하기로 의견을 모았다. 알코올을 가져오겠다고 실험실로 돌아간 케미는 잠시 후 두 개의 병을 들고 돌아왔다.

"알코올이 두 종류야."

"케미, 설마 메탄올하고 에탄올을 구별하지 못하는 것은 아니겠지?"

마리의 핀잔에 케미는 우물쭈물하였다.

패러데이 선생님의 반짝 특강

알코올 강의 한 토막

알코올에는 여러 가지 종류가 있습니다. 그중 대표적인 것은 메탄올과 에탄올 두 종류로 우리 주변에서 많이 사용되고 있어요. 메탄올은 알코올 램프속에 들어 있는 것인데 독성이 있으니까 조심해야 합니다. 에탄올은 물과 섞어 술을 만드는 데 많이 사용되며, 특유의 향이 있지요.

우리가 술을 마시면 알코올은 위에서 직접 흡수된답니다. 그리고 간으로 운반되면 효소에 의해 분해되지요. 이때 에탄올은 아세트알데히드(CH_3CHO)로, 메탄올은 포름알데히드($HCHO$)로 분해됩니다. 아세트알데히드는 상당한 독성을 지닌 물질이기 때문에 몸 안에 쌓이면 정신이 몽롱해지거나 어지럼증이 생기고 구토를 일으킨답니다. 술을 마시고 나면 생기는 두통, 메스꺼움 등의 증세는 모두 아세트알데히드 때문이지요. 하지만 메탄올이 분해되어 만들어지는 포름알데히드는 이보다 훨씬 독성이 강해서 훨씬 적은 양으로도 사람의 눈을 멀게 하거나 죽게 만들지요. 하지만 대부분의 사람들은 이 두 알코올을 잘 구별하지 못하기 때문에 가끔씩 메탄올을 마시고 사고를 당하는 경우가 생긴답니다. 조심하세요!

"그럼, 둘 중 어떤 걸 쓰는 게 좋을까?"

"불이 잘 붙는 게 좋을 것 같아. 알코올 램프에 넣는 메탄올을 쓰자. 선생님, 어때요?"

"그래, 메탄올을 쓰는 게 좋겠다. 독성이 있긴 하지만 휘발이 더 잘되거든."

"좋았어. 그럼 시작해보자고."

그들은 대포의 입구에 메탄올을 조금 부은 뒤 입구를 감자로 틀어막았다.

"이제, 알코올이 기화되어야 하니까 포신을 좀 흔들어주자."

알코올이 기화되기 쉽도록 하기 위해 포신을 흔들어주고 난 뒤, 대포가 문 쪽을 향하도록 방향을 잡아 장치하였다.

"자, 이제 준비가 끝났어. 이 점화 장치의 스위치를 누르면 알코올에 불이 붙어 타고 폭발이 일어나 감자가 튀어나갈 거야."

"그런데, 케미. 정말로 감자가 문을 뚫을 수 있을까?"

"걱정하지 마. 빠르게 날아가기 때문에 에너지가 커."

"선생님, 정말이죠?"

마리의 근심어린 말에 케미도 약간 불안했지만 내색하지는 않았다.

"됐어, 마리. 다른 방법도 없잖아. 그냥 해보자고. 잘 되길 기도나
하서."

"걱정 마라, 애들아. 잘 될 거야."

케미는 긴장된 표정으로 점화 장치의 스위치를 눌렀다.

딸깍.

꽝!

점화 장치의 스위치를 누른 순간 대포에서는 엄청난 폭음이 울렸
고, 감자는 포신을 떠나 문을 향해 돌진하였다. 그리고 문에는 감자
크기만한 구멍이 뚫렸다.

"와, 굉장한데? 정말 멋진 감자 대포야. 이것도 언젠가는 내 소설
에 등장시켜야겠다."

"마리, 네 소설을 누가 읽어주기는 한대?"

"뭐야? 케미, 너 감히 나의 소설을 무시하다니. 두고 보자. 너한테
는 사인도 안 해줄 거야."

"애들아, 어서 가자. 하여간 애들처럼 다투기는……."

패러데이의 말을 들으며 이들은 다음 문을 향해 걸음을 떼었다.
하지만 발걸음도 가볍게 다음 문으로 향하는 케미의 뒷모습을 보며
패러데이는 남몰래 한숨을 내쉬고 있었다.

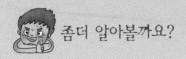

속도가 빠르면 에너지도 크다

운동하는 물체가 갖는 에너지를 운동 에너지라고 합니다. 운동 에너지는 물체의 질량이 클수록, 속도가 빠를수록 커지는 것이지요. 따라서 비록 가벼운 물체라 할지라도 속도가 빠르면 에너지가 커집니다.

고층 아파트 옥상에서 `떨어진 물풍선이 자동차를 찌그러뜨리거나, 작은 골프공이 전화번호부를 뚫고 들어가는 등의 사건들은 바로 빠른 속도 때문에 가능한 것이지요. 실제로 「호기심 천국」이라는 텔레비전 프로그램에서는 양배추를 대포에 넣고 쏘아 냉장고를 뚫은 적도 있었답니다. 비록 가볍고 작은 물체이지만 빠른 속도로 날아갈 때는 그만큼 파괴력이 크다는 것을 보여주는 예입니다.

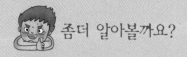 좀더 알아볼까요?

알코올 대포의 원리

포신 안에는 알코올의 증기와 공기가 섞여 있기 때문에 여기에 성냥불을 갖다 대면 점화되어 폭발이 일어납니다. 그 폭발로 인해 포신 내부의 압력이 커지면 감자는 튀어나가게 되지요.

메탄올 $+$ 산소 $\rightarrow$ 이산화탄소 $+$ 수증기 $+$ 열 에너지
$(2CH_3OH)$ $(3O_2)$ $(2CO_2)$ $(4H_2O)$

보통 총알의 발사 원리도 이와 비슷합니다. 총 안에는 화약이 들어있는 뇌관이 있고 총알들이 들어있습니다. 여기에서 방아쇠를 당기면 화약이 폭발하면서 내부 압력이 커져서 총알이 튀어나가는 것이지요.

 좌충우돌 실험실

알코올의 폭발

(이 실험은 조심해야 합니다. 어른과 함께 하세요!)

필요한 것들 : 알루미늄 깡통, 송곳, 알코올, 종이컵, 성냥

먼저 알루미늄으로 된 350밀리리터들이 깡통을 한 개 구해서 꼭지를 떼어내고 나서 깨끗하게 씻어요. 완전히 물기가 없이 마르면, 밑에서 2센티미터 정도 되는 부분에 송곳으로 구멍을 뚫어요. 구멍의 크기는 약 3밀리미터 정도가 좋아요. 구멍이 너무 크거나 작으면 원하는 폭발이 안 일어나거든요. 깡통에 알코올을 5~6방울 정도 넣어요(너무 많이 넣으면 폭발이 일어난 후에 남은 알코올에 불이 붙어 위험하니까 주의하세요). 이제 깡통의 입구에 종이컵을 꽉 눌러 덮어요. 왜 350밀리리터 깡통이 필요한지 알겠죠? 그게 종이컵에 딱 맞거든요. 깡통을 몇 번 흔들어준 뒤 테이블에 내려놓고 성냥불을 켜서 구멍에 갖다 대보세요. '뻥' 소리와 함께 종이컵이 하늘로 날아갔죠? 왜냐고요? 깡통 안에 있던 알코올 증기가 성냥불로 점화되서 폭발이 일어난 거예요. 입구를 막고 있던 종이컵은 폭발로 인해 날아간 것이고요.

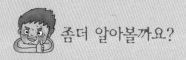 좀더 알아볼까요?

알코올로 가는 자동차

　브라질은 석유가 거의 안 나는 대신 사탕수수가 풍부하여 사탕수수로부터 자동차 연료를 얻고 있다. 이 연료의 이름은 가소홀(Gasohol)로 가솔린과 알코올의 합성어이다. 사탕수수로부터 알코올을 얻어 가솔린과 섞어 자동차의 연료로 사용하고 있는 것이다. 어떻게 알코올을 얻을까?

　먼저 사탕수수에 물과 효모를 섞은 다음 술이 될 때까지 발효를 시키고, 이 술을 다시 가열해서 100% 에탄올을 얻어낸다. 비록 이 과정에서 에너지가 많이 쓰이기는 하지만 브라질에서는 이 사업이 번창하고 있어 운행하는 자동차의 80% 이상이 순수 알코올이나 가소홀을 사용하고 있다. 가소홀은 일반 휘발유와 비교해볼 때 오히려 연비가 높지만 배기 가스와 두통의 원인이 되는 아세트알데히드가 배출되는 단점이 있다.

우리나라에서는 왜 이 좋은 걸 안 쓰지?
너, 바보 아냐? 우리나라에 사탕수수가 어디 있어?

설탕폭탄

이제 조금은 마음을 놓아도 좋을 것 같은 기분이 들었다. 이제 두 개의 문만 통과하면 아빠를 볼 수 있다고 생각하자 케미는 흥분되었다. 비록 아빠의 얼굴도 기억나지 않지만, 관문들을 통과하면서 아빠를 조금씩 가까이 느끼게 되었기 때문이다.

문을 열고 방 안으로 들어갔지만 별다른 것이 보이지 않았다.

"애게, 여긴 별거 없잖아?"

뒤따라 들어온 마리가 방 안을 둘러보고는 실망했다는 듯이 말하였다.

방 안에는 지난 방들에서 보았던 대포나 기구 같은 거창한 장치는 없었다. 방 한쪽 구석에 작은 테이블이 있고, 그 위에는 무엇인가 놓여 있었다. 가까이 다가가서 보니 흰 가루가 그릇 안에 담겨 있었다.

"이게 무슨 가루지?"

테이블 위를 자세히 살피던 일행은 과제를 보게 되었다.

이 설탕 가루를 태워 불꽃을 만들어라!

"설탕 가루를 어떻게 태우지?"

"음, 글쎄. 설탕 가루는 아니고 밀가루가 타서 폭발했던 적은 있었어. 마리, 기억 안 나니? 옛날에 밀가루 부대를 옮기던 엘리베이터에서 불이 난 적 있었잖아."

"아, 그러고 보니 기억이 나. 먼지 폭발이라고 하던가?"

"나 그거 보고 진짜 밀가루가 타는지 알아보려고 집에서 태워본적 있어. 집에 불날 뻔해서 엄청 놀랐었지."

"근데, 진짜로 밀가루에 불이 붙어?"

"당근이지."

"그럼, 겁나서 밀가루를 어떻게 먹어? 빵 굽다가 폭발할 수도 있는데?"

"하하, 그 정도는 아냐. 탈 수는 있지만 웬만해서는 불이 붙지 않거든. 한번 볼래?"

케미는 테이블 위에 있는 설탕 가루에 라이터 불꽃을 갖다 댔다. 설탕 가루는 지글지글 녹기만 할 뿐 불꽃을 내며 타지는 않았다.

"그럼, 밀가루 폭발은 어떻게 일어나는 거야?"

"흠흠. 마리 네가 모르는 게 다 있구나. 역시 실전에는 내가 강하다니까. 마리, 한번 생각을 해봐. 물질이 탈 수 있는 조건이 뭐였지?"

"아이참, 날 뭘로 보는 거야? 탈 물질, 발화점 이상의 온도, 산소 공급이잖아."

"그래, 그 세 가지 조건에서 지금 모자란 게 뭐게?"

"탈 물질은 설탕 가루이고, 온도는 라이터 불꽃을 갖다 댔으니 됐고, 그럼 산소 공급이 부족한 거네."

"맞아. 산소의 공급이 문제지. 그럼 왜 충분한 산소 공급이 안될까?"

"음, 그건 혹시 이런 게 아닐까? 가루가 촘촘하게 쌓여있어서 산소와 접촉할 수 있는 기회가 적어서."

"그래, 그럼 가루들이 각자 산소와 다 접촉을 하려면 어떻게 돼야 하지?"

"가루들이 모두 흩어져서 각자 공기 중에 퍼져 있으면 되겠네. 아, 그래서 먼지 폭발이라는 게 일어나는구나."

잠자코 듣고 있던 패러데이가 끼어들었다.

"그래서 탄광에서 일하는 사람들은 벼락이 치는 날씨를 정말 싫어했지."

"아, 알겠어요. 석탄 가루들이 공기 중에 잔뜩 있는데, 벼락이 치면 폭발이 일어날까봐 그런 거죠?"

"맞다. 마리, 석탄 가루뿐 아니고 메탄 가스의 농도도 높았거든. 그래서 그런 날에는 탄광에서 일을 시작하기 전에 '참회자' 라고 지정된 사람이 옷을 물에 적신 후 1미터 가량의 횃불을 들고 탄광의 갱내에 들어가서 모든 갱도를 두루 통과한 후 무사히 돌아 나오면 광부들이 탄광에 들어가 일을 시작하고, 돌아오지 않으면 갱내에서 폭발에 의해 죽었다고 생각했었단다."

먼지 폭발

먼지 폭발이란 무엇일까요? 그것은 발화성이 있는 먼지가 공중에 떠 있다가 작은 불꽃에 의해 점화되면서 폭발이 일어나는 현상입니다. 먼지들이 모여서 덩어리로 있을 때는 괜찮은데, 잘게 부수어 놓으면 작은 불꽃에도 폭발이 일어나는 이유는 무엇일까요? 이것은 모두 표면적의 증가 때문입니다. 같은 물질이라도 산소와 닿는 표면적이 넓어지면 훨씬 잘 타게 되는 것이지요. 덩어리를 조각으로 나누면 표면적이 커지게 되는 것이 잘 이해가 되지 않는다고요? 직접 한번 계산해봅시다.

가로, 세로, 높이가 4센티미터인 정육면체 덩어리가 있어요. 표면적을 계산해보면 4×4×6 = 96(cm³)이 되죠? 이제 이 덩어리를 8조각으로 나누면 얼마가 될까요? 한 조각의 표면적은 2×2×6 = 24(cm³)이고, 이런 조각이 8개이니 전체 표면적은 24×8 = 192(cm³)가 됩니다. 덩어리일 때보다 표면적이 훨씬 크지요? 따라서 미세한 가루가 될수록 표면적이 커지게 되어 잘 타게 됩니다.

총 겉넓이 : 96㎠

4cm

2cm

신문 기사 한 토막

2000년 03월 14일 (화) 23 : 47
공장서 폭발사고 12명 중경상

14일 오후 7시 50분께 경남 의령군 가례면 대천리 노트북 컴퓨터 케이스 생산업체인 (주)S 금속 내 하청업체인 연마 공장에서 폭발사고가 발생, 종업원 12명이 중경상을 입었다. 작업 중이던 종업원 이 모씨는 "노트북 표면을 매끄럽게 하기 위해 처리작업을 하던 중 집진기 쪽에서 '펑' 하는 소리와 함께 폭발이 일어났다"고 말했다. 이 사고로 백 씨가 중화상을, 이 씨 등 남녀 종업원 11명은 경상을 입고 병원에서 치료를 받고 있다.

경찰은 컴퓨터 케이스 표면 처리작업을 하던 중 기계가 과열되면서 발생한 불꽃이 컴퓨터 케이스 성분 중의 마그네슘 먼지에 옮겨 붙어 폭발한 것으로 보고 정확한 사고원인을 조사 중이다.

"와, 그 참회자는 얼마나 무서웠을까? 오싹해요."

"그래도 그 한사람의 희생으로 다른 사람들이 안전했으니 일종의 희생양인 셈이지."

"자, 이제 과제를 해결할 준비를 하는 게 어때요?"

얘기에 정신이 팔려 있는 두 사람을 보다 못한 케미가 끼어들었다.

"아차, 우리가 해야 할 일이 있었지. 깜빡했어."

"일단, 설탕 가루가 공기 중에 날리도록 해야 하니까 먼저 그 방법을 생각해봐야지."

"케미, 그건 간단하지 않니? 입으로 불면 되잖아."

"불 위에서 직접 설탕 가루를 입으로 불란 말이야? 마리, 너 너무 한 거 아니야? 불이 확 일어날 텐데, 위험하게스리."

"어머, 듣고 보니 그러네. 호호. 미안해, 케미. 널 골탕 먹이려고 한 건 아냐."

"가만, 입으로 부는 것 자체는 좋은 아이디어인 것 같다. 불꽃에서 떨어져서 불 수 있기만 하면 되니까."

"케미, 그럼 이건 어때? 호스 같은 것의 끝을 불꽃 쪽에 대고 반대쪽 끝을 부는 거야."

"그게 좋겠다. 설탕 가루가 불꽃 근처에서 퍼져야 하니까 호스의 끝에는 깔때기를 연결하고……."

"이제는 손발이 척척 맞네."

두 아이는 재빨리 실험실로 가서 깔때기와 호스, 그리고 양초를 가지고 와서 장치를 꾸미기 시작하였다.

이윽고 설치가 다 끝나자 양초의 불을 켰다. 그리고 케미는 설탕 가루를 힘차게 불었다. 호스를 통과해 나간 설탕 가루는 양초의 불꽃 위에서 커다란 불덩어리를 만들며 멋지게 타올랐다.

"와, 이번에도 성공이다, 성공!"

"이제 마지막 문이야!"

아이들이 문을 향해 다가섰다.

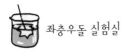
좌충우돌 실험실

설탕 불꽃 만들기
(이 실험은 위험하니까 반드시 어른과 함께 하세요!)

설탕 가루가 폭발하는 모습.

필요한 것들 : 설탕 가루, 스포이트, 양초, 라이터

먼저 알코올 램프나 양초에 불을 켭니다. 깔대기의 끝부분에 30센티미터 이상 길이의 고무관을 끼워요. 깔대기에 설탕 가루를 넣은 뒤, 깔때기를 불꽃 쪽으로 가까이 향하게 방향을 잡습니다. 고무관 끝을 입으로 물고 힘차게 불어보세요. 어때요? 설탕 가루에 불이 붙어서 큰 불덩어리가 생기죠? 이게 바로 접촉 면적의 효과라고요. 설탕 가루들이 공기 중에 흩어지면서 산소와 접촉하는 면적(표면적)이 넓어지니까 훨씬 빨리 잘 타게 되는 거예요. 그러니 탈 수 있는 가루가 공기 중에 날리고 있는 곳에서는 불씨를 조심해야 하는 게 당연하죠.

수탈 일행을 만나다

   그들이 마지막 문을 열고 들어갈 때, 케미는 뭔가 이상한 소리를 들었다. 마리와 케미는 누가 먼저랄 것도 없이 입을 열었다.

"너도……, 들었지?"

"응, 케미 너도?"

"그래, 무슨 소리가 나. 선생님, 무슨 소리 못 들으셨어요?"

패러데이는 케미의 물음에 움찔했다.

"뭐, 뭐라고? 난 못 들었는데? 쉿, 조용히 해보자."

그러나 아무런 소리도 들리지 않았다.

"마지막 문이라서 너무 긴장한 거 아냐? 무슨 소리가 들린다고 그래?"

정말 더 이상 아무 소리도 들리지 않았다.

케미는 눈덩이처럼 커지는 불안감을 애써 누르고, 아무렇지도 않은 듯 마리를 보고 웃었다.

"우리가 잘못 들었나봐, 마리. 아무 소리도 안 나잖아."

"그래, 그럼 어서 과제가 뭔지나 알아보자."

방의 가운데로 들어서자 아무 것도 보이지 않았다. 다만 맞은편에 견고해보이는 철제 문이 버티고 있을 뿐이었다.

"어, 이건 뭐죠? 왜 과제가 없지?"

철제 문 가까이 다가간 케미는 문 가운데 그려져 있는 부엉이를 보고 깜짝 놀랐다.

"앗, 미네르바의 부엉이다."

"어, 정말이네."

케미가 부엉이 그림에 손을 대자 부엉이가 말을 하기 시작하였다.

"케미, 정말 장하다. 여기까지 잘 왔구나. 마지막 문을 여는 열쇠는 너희 아빠께 직접 들으렴."

"뭐라고, 아빠?"

예상치 못한 상황에 당황하고 있을 때 부엉이의 눈 부분에서 뭔가가 쏟아지기 시작하였다. 빛이 쏟아진 방의 가운데에는 사람 형상이 어른거리기 시작하였고 곧 정확한 사람 모양이 되었다. 그것은 어떤 남자의 모습이었다. 그것을 본 패러데이가 놀라서 소리쳤다.

"아, 아니, 보일?"

"보일이라뇨? 그럼 저 분이 아빠?"

그건 정교한 홀로그램이었다. 마치 사람을 직접 보는 것 같았다.

"안녕, 케미. 여기까지 오느라 정말 고생 많았다. 그래, 그동안 내가 만들어두었던 과제들은 마음에 들었니? 아마 마음에 들었을 거다. 그럼, 누구 작품인데. 사실 이런 말을 하면 낯 뜨겁지만 이 세상에서 나만큼 불 내는 거 잘 하는 사람은 없을 거다. 케미, 네가 아무

리 잘한다고 해도 아직 멀었지. 아참, 내 정신 좀 봐. 과제를 알려줘
야 하는데, 잊어버렸군. 저 방 안에는 내가 평생을 걸려 연구해온
것이 있다. 사정이 있어 이런 모습만 남겨두고 급히 떠나지만, 케미
네가 이것을 잘 전달할 것이라 믿는다. 참, 문을 열 과제를 얘기하
지 않았구나. 이 문은 용접기로 녹여서 열어야 한다. 마지막 문이라
서 몸으로 때우는 과제를 만들었으니 문을 잘라내고 들어가라. 그
곳에 들어가면 아마 재밌는 것들이 너를 기다리고 있을 거다. 그런
데 혹시 슈탈 일당이 나타나지 않을까 걱정이 되는구나."

　무슨 말을 더 할 듯하던 홀로그램은 이 말과 함께 갑자기 사라지
고 말았다.

　"너네 아빠, 영 예상과 다른데?"

　"글쎄, 그것도 그렇고 슈탈 일당이라는 게 도대체 누구지?"

　그때였다.

　"악!"

　마리의 입에서 비명이 터져 나왔다. 하지만 비명은 잠시뿐, 케미
가 뒤돌아보았을 때 마리는 이미 바닥에 쓰러져 있었다. 그리고 잠
시 후 손수건으로 입을 막힌 케미도 정신을 잃고 말았다.

　"너무 심하게 하지 마시오, 슈탈. 아이들일 뿐이잖소."

　패러데이는 아이들의 손발을 묶고 있는 괴한을 향해 나지막하게
말하였다.

　"오랜만이오. 패러데이, 아니 데이비 박사."

괴한 중의 한 명이 복면을 벗고, 패러데이를 향해 손을 내밀었다.

"그동안 고생 많았소. 사이언랜드에서부터 지금까지 박사가 아니었다면 우린 관문들을 통과하지 못했을 것이오."

"한 가지 궁금한 점이 있소."

"뭡니까? 말씀해보시오."

"이 아이들을 어떻게 할 생각이오?"

"박사가 왜 그걸 궁금해하는 거요?"

"아이들은 아무 잘못이 없어요. 우린 이 문만 열면 원하는 걸 얻을 수 있잖소. 그러니 아이들은 그냥 사이언랜드로 돌려보냅시다."

슈탈은 잠시 생각에 잠겼다.

"그럴 수는 없소. 아이는 보일 박사와 흥정을 하기 위해서라도 우리 수중에 있어야 하오. 보일 박사는 분명 연구 결과를 순순히 내놓지 않을 것이오. 그렇게 되면 박사도 곤란하지 않겠소? 이미 사이언랜드에서 박사를 공개 수배하고 있는 마당에?"

패러데이는 깜짝 놀랐다.

"사이언랜드에서 왜 나를 공개 수배한다는 거요?"

슈탈의 얼굴에 비열한 미소가 스쳐갔다.

"잘은 모르겠지만 아마 납치 후 도피 혐의일 것이오."

"납치 후 도피라니 그게 무슨 말이오? 난 납치 같은 것을 한 적이 없소이다."

"글쎄, 사이언랜드에서 케미와 리제의 마지막 통화를 분석한 결과 누군가 다른 사람의 목소리가 나왔는데, 그게 박사의 목소리로 판명된 모양이오."

"리제라니, 케미의 엄마 말이오?"

"맞소이다."

"난 그들과 통화한 적이 없어요. 리제를 납치한 일은 더욱 없고."

"글쎄, 그건 사이언랜드에 가서 재판을 받아보면 알겠지. 안 그렇소, 박사?"

패러데이는 자신이 함정에 빠졌음을 깨달았다. 슈탈 일행의 유혹에 넘어가 학창 시절 친구이자 라이벌이었던 보일 박사의 연구 결과를 훔쳐내는 데 동의한 것이 큰 실수였다. 그를 위해 보일 박사의 아들인 케미와 함께 여기까지 왔는데, 이제 그는 돌아갈 길이 없어진 것이다. 아마 이들은 보일 박사의 연구 결과를 얻은 뒤 자신마저 제거하려고 할 것이다.

"좋소이다. 난 사이언랜드로 돌아갈 것이오. 더 이상 당신들의 꼭두각시 노릇을 할 수는 없소. 아이들은 내가 데리고 가겠소. 댁들은 보일의 연구 결과나 잘 챙기시오."

떨리는 목소리로 말하는 패러데이의 옆구리에 섬뜩한 감촉이 느껴졌다.

"왜 이러시나, 박사. 여기까지 잘 와놓고 이제 와서 이러면 곤란하지."

슈탈의 눈짓에 괴한들이 달려들어 패러데이를 꼼짝 못하도록 묶었다. 아이들 곁에 쓰러진 패러데이의 머릿속은 회한으로 가득 찼다.

천재 과학자이자 보일을 학계에서 몰아낸 것은 다름 아닌 패러데이 자신이었다. 그는 다른 사람의 연구를 표절한 것처럼 꾸며 보일을 함정에 빠트렸으며, 그로 인해 보일은 학계에서 영영 추방되었던 것이다. 그러나 패러데이는 그가 계속 연구를 하고 있다는 사실을 알고 있었다. 또한 그의 연구 업적을 탐내는 무리들이 많다는 것도.

보일은 유쾌하게 연구를 즐기면서 이론보다 실험이나 관찰을 우선으로 하는 화학자였다. 마치 먼 옛날에 살았던 회의적인 과학자 보일이 그랬듯이. 그러나 어느 순간 보일은 연기처럼 사라지고 말았다. 그리고 몇 년이 지나자 그의 연구 결과를 궁금해 하던 사람들 사이에서 그가 연구를 완성시켰다는 풍문이 떠돌기 시작하였다. 패러데이는 견딜 수가 없었다.

이때 슈탈 일당이 접촉을 시도해왔다. 그는 슈탈로부터 보일의 가족들이 사이언랜드에 숨어 들었다는 소식을 듣고 극비리에 사이언랜드에 잠입하였다. 이름을 데이비에서 패러데이로 바꾸고, 케미의 학교 선생님으로 부임하였던 것이다.

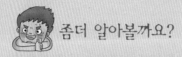

과학사 속의 슈탈Georg Ernst Stahl

18세기 초 독일의 화학자 슈탈은 연소 현상을 설명하기 위하여 플로지스톤 (phlogiston)설을 주장하였다. 그는 연소가 일어날 수 있는 모든 물질은 플로지스톤을 가지고 있고, 연소라 함은 그 물질이 자신의 플로지스톤을 잃고 더욱 간단한 형태로 변하는 현상이라고 설명하였다. 공기는 다만 플로지스톤을 운반하는 역할만 하는 것으로 생각하였다. 예를 들어, 나무의 연소는 공기에 의해 나무의 플로지스톤이 날아가고 재로 변하는 것이라고 설명하였다. 한편, 플로지스톤설로는 금속의 산화 현상이 다음과 같이 설명된다. 금속은 금속회와 플로지스톤의 화합물이고, 금속을 가열하면 플로지스톤이 공기에 의해 제거되고 금속회로 변하는 것이다.

그러나, 나무가 탈 때 무게가 줄어들게 되는 것은 플로지스톤을 잃어버린 결과라고 설명할 수 있어도 금속의 산화는 플로지스톤설로 설명이 불가능했다. 왜냐하면, 금속이 산화될 때는 실제로 무게가 증가하므로 플로지스톤을 잃어버린다는 이론으로는 설명할 수 없었던 것이다. 거의 한 세기를 풍미하던 플로지스톤설을 타파한 것은 프랑스의 화학자 라부아지에였다. 그는 화학 현상을 정량적인 방법으로 설명하였는데, 이는 실험 결과에 근거를 두었다. 라부아지에는 연소에 대한 많은 실험을 통하여 금속은 원소이고, 금속의 산화는 금속이 공기 중의 산소와 결합하는 현상임을 밝혀냈다. 그는 연소란 어떤 물질이 산소와 화합하는 것을 의미한다고 설명하였고, 산소는 물질이 타는 것을 돕는 역할을 한다는 것을 밝혀냈다. 이것은 오늘날까지 연소에 대한 올바른 이론으로 받아들여지고 있다.

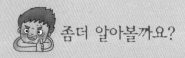
좀더 알아볼까요?

과학사 속의 보일Robert Boyle

부유한 아일랜드 귀족의 14번째 아들로 태어난 보일은 거짓말이라고는 할 줄 모르는 예민하고 수줍음이 많은 소년이었다. 그는 어려서부터 독서를 몹시 좋아해서 일생 동안 그칠 줄 모르고 책을 읽어 의사의 경고를 받을 정도였다. 그는 8세 때 유명한 이튼 학교에 입학하였고 13세 때 가정교사와 함께 유럽으로 유학할 정도의 신동이었다. 보일은 제네바에 체류할 당시 심한 벼락을 만나 놀란 후부터 신앙이 깊어졌는데, 일생 동안 신앙의 길을 떠난 적이 없었으며 평생 독신으로 살았다.

그의 첫 번째 과학 논문은 「공기의 탄성과 무게에 대하여」였다. 그는 공기 펌프를 이용하여 진공을 만들어 직접 실험을 하였다. 여기에는 우리가 현재

'보일의 법칙'이라 부르고 있는 내용의 초안이 들어있다. 보일의 법칙은 기체의 압력이 부피에 반비례하는 것을 말한다. 또한 그는 1661년에 그가 쓴 『회의적 화학자』라는 책에서 다음과 같이 주장하여 진정한 원소의 의미를 밝혔냈다.

"실험과 올바른 관찰이 화학 연구에 가장 중요한 것이며, 아리스토텔레스가 4원소라고 한 물, 불, 공기, 흙이나 연금술에서 말하는 수은, 소금, 황산 등은 원소가 아니다."

이것은 근대 화학에 원자론을 도입하는 실마리가 되었다.

보일이 활약하던 시대의 영국은 동란에 휘말려 있었지만 그는 정치적 문제에는 관여하지 않고 오로지 학문 연구를 위한 모임의 결성에 앞장섰다. 1645년 런던에서 최초로 시작된 이 모임을 사람들은 '보이지 않는 대학'이라 불렀는데, 여기에서는 토리첼리의 실험, 행성의 운동, 하비의 혈액 순환설, 연금술의 문제까지도 광범위하게 논의되었다. 현미경을 사용하여 최초로 미생물을 관찰한 레벤후크를 소개한 것도 이 모임이었다. 보일은 과학자로서도 훌륭하였지만 더불어 훌륭한 인격과 덕망을 지닌 사람이었다.

쉬익~.

슈탈 일행이 용접기를 사용해서 문을 뚫기 시작하였다.

"으응……."

머릿속에서 뭔가가 빙빙 도는 어지러운 느낌이 들었다. 케미는 간신히 무거운 눈꺼풀을 들어올려 앞을 보았다. 어렴풋하게 어떤 사람의 모습이 보이기 시작하였다. 자세히 보니 그것은 밧줄에 묶여 있는 패러데이와 마리였다. 그러고 보니 자신도 밧줄에 묶여 있었다. 그때서야 서서히 아빠의 홀로그램과 슈탈이라는 이름, 쓰러지던 마리의 모습이 떠올랐다. 그리고 용접기로 문에 구멍을 뚫고 있는 사람들의 모습이 보였다.

'그래, 맞다. 저 놈들이 바로 슈탈 일당이구나.'

케미는 본능적으로 패러데이를 바라보았다. 눈이 마주치자 패러데이가 뭔가를 말하려는 듯 손발을 묶은 밧줄을 보고 다시 마리를 보았다. 케미는 무슨 뜻인지 금방 알아차렸다. 잠시 후 마리가 깨어났다.

"마리. 내 주머니에서 맥가이버칼을 꺼내."

마리는 슈탈 일당의 낌새를 살피면서 조심스레 케미의 주머니 속에 들어있는 칼을 꺼냈다. 그리고 케미와 패러데이의 손목에 묶여 있는 밧줄을 조금씩 자르기 시작했다. 작업은 무척 더뎠지만 다행히 조금씩 손발이 자유로워지고 있었다. 얼마 후 이들은 밧줄을 완전히 푸는 데 성공하였다.

"이제 어쩌죠? 밖에도 슈탈 일당이 있을 텐데……."

마리가 속삭였다.

"글쎄, 뭔가 방법이 있겠지. 좀더 기다리며 기회를 살펴보자."

그때 뭔가 방법이 없을까 두리번거리던 케미의 눈에 슈탈 일당이 놓아둔 약병이 들어왔다.

"저 약병이 뭐지? 알코올이면 좋겠다. 태워서 저 녀석들 혼 좀 내 주게."

"알코올은 아니야. 에테르라고 써 있는데?"

"뭐, 에테르? 그건 개구리 마취할 때 쓰는 건데? 아니, 그럼 내 입을 틀어막아서 기절시킨 게 에테르였단 말이야? 저놈들이 내가 개구리로 보이나?"

"잠깐, 케미. 에테르라면……."

"그래, 에테르는 불이 잘 붙지."

마리에게 힘을 실어주려는 듯 패러데이가 말했다.

"그래요? 그럼 저걸로 한번 해봐야겠네."

"에테르는 휘발성이 강하고 쉽게 불이 붙거든. 그래서 무척 조심해야 하는 물질이야."

"그럼, 이렇게 하면 어때요? 에테르에 불을 붙이는 거예요. 그럼 저놈들이 놀라서 뛰어오겠죠, 그때 하나씩 해치우는 거죠."

"근데, 케미, 지금 세 명이나 있는데 어떻게 해치울래?"

"그러네. 난 괜찮은데 마리 너랑 선생님은 안되겠다. 그럼 잠시 기다리면서 기회를 보지 뭐."

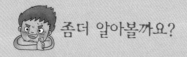 좀더 알아볼까요?

에테르에 관하여

에테르는 실험실이나 연구소에서 매우 일반적으로 사용되는 물질입니다. 하지만 불이 잘 붙기 때문에 화기에 주의해야 하는 물질이지요. 에테르는 휘발성이 커서 빠르게 증발하며, 폭발의 위험이 있습니다. 에테르는 인화 범위(공기 중에서 1.8-36.5%)가 넓고, 인화점도 낮기 때문에(-40℃) 다른 물질보다 더 위험합니다. 예전에 러시아 모스크바의 한 병원에서는 쓰레기통 속에서 폭발이 일어나면서 유리창이 깨어지고 화재가 발생하는 사고가 있었습니다. 조사결과 실험실에서 버려진 휴지에 묻어 있던 에테르가 기화되어 쓰레기통 속에 가득 찼는데, 여기에 불씨가 떨어져 화재가 일어난 것으로 알려졌습니다.

또한 에테르는 예전에 병원에서 마취제로 사용되기도 했습니다. 독성은 적지만 마취강도가 아주 세서 체온이 낮아지고 맥박이 느려지며 중앙 신경계를 둔화시킵니다. 하지만 요즘엔 사람을 마취하는 데는 쓰지 않습니다. 개구리 해부 실험을 할 때에나 사용할 따름이지요.

마지막 문을 열다

갑자기 무슨 일이 발생한 모양이었다. 용접기로 문을 뚫던 일당이 당황한 목소리로 웅성거리기 시작했다.

"박사님, 용접기가 고장 났습니다. 불꽃이 안 나오는데요?"

일이 쉽게 진행되지 않자 흥분한 슈탈은 고래고래 소리를 지르기 시작했다.

"그게 무슨 소리야, 용접기가 고장이 나다니. 어서 가서 다른 용접기를 가져와, 이놈들아!"

슈탈의 닦달에 용접을 하던 한 사람이 바깥으로 뛰어 나가고 슈탈은 용접기를 살펴보기 위해 문 쪽으로 다가갔다. 이건 하늘이 주신 기회였다.

"자, 지금이야."

케미가 살금살금 에테르 병을 집어왔다. 이들은 입고 있던 겉옷을 벗어 모은 뒤 에테르를 부었다.

"이제 도화선을 만들어야지. 뭐해? 케미, 어서 양말을 벗지 않고."

"뭐, 내 양말? 이거 냄새가 많이 날 텐데……. 마리 웬만하면 네가 벗지 그래?"

그러나 케미는 결국 자신의 양말을 벗어서 칼로 길게 잘라 도화선을 만들었다. 그리고 잠시 후 양말 도화선의 끝에 마리의 라이터로

161

불을 붙였다. 양말을 따라 타들어가던 불꽃은 옷 무더기 근처에 이
르자 커다랗게 타오르기 시작하였다.

"부, 불이야!"

이들이 고함을 지르자 용접기를 들여다보던 슈탈이 깜짝 놀라 뛰
어왔다.

'이때다!'

이들은 일제히 슈탈에게 달려들었다. 슈탈은 꼼짝없이 이들에게
잡히고 말았다. 용접기를 가지러 간 부하가 오기 전에 일을 해치워
야 했기 때문에 이들은 신속하게 슈탈을 꽁꽁 묶었다. 밧줄에 묶인
그를 보고 패러데이가 말하였다.

"묶여보니까 기분이 어떤가, 슈탈 박사?"

슈탈은 패러데이를 비웃으며 말했다.

"데이비 박사, 그 잔머리는 여전하군 그래. 그 잔머리로 보일 박
사를 파멸시켰겠지?"

순간 케미는 자신의 귀를 의심하였다.

"선생님, 이 사람이 지금 뭐라고 하는 거예요? 데이비 박사가 누
구예요?"

케미가 의아한 눈빛으로 패러데이를 쳐다보자 슈탈이 능글맞게
웃으며 끼어들었다.

"케미, 저 분의 본명은 말이지 데이비 박사다. 네 아빠의 절친한
친구이자 네 아빠를 파멸시킨 장본인이지."

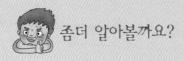

좀더 알아볼까요?

과학사 속의 데이비Humphry Davy

영국에서 목각공의 장남으로 태어나 16세 때 부친과 사별하였다. 이듬해 의사겸 약제사의 조수가 되어 철학, 수학, 화학 등을 독학했는데, 특히 라부아지에의 『화학교과서』는 그가 화학에 흥미를 가지는 계기가 되었다. 그는 볼타가 발명한 전지를 직렬로 연결하여 전기 분해를 시도하였으며 여기에서 수많은 원소들을 분리해내는 개가를 올렸다. 1807년에는 칼륨과 나트륨을 분리하는 데 성공하였고, 1808년에는 칼슘, 스트론튬, 바륨, 마그네슘을 분리해낸 것이다. 또한 그는 여러 명의 제자들을 길러냈는데, 그중 가장 유명한 사람은 바로 패러데이이다. 훗날 패러데이는 스승인 데이비보다 더 위대한 과학자가 되었지만 만약 데이비의 실험실에서 일을 하지 않았더라면 그것은 불가능하였을 것이다.

이런 업적 이외에 가장 중요한 것은 안전등(安全燈)의 발명(1816)이다. 산업혁명이 진행됨에 따라 광산 폭발사고도 증가했으므로, 탄광재해 예방협회의 의뢰로 월즈엔드 탄광에 가서 가스 폭발사고를 예방하기 위한 갱내 안전등을 고안해냈다. 안전등을 발명하기 전 탄광촌의 광부들은 갱 안에 램프를 들고 들어갔다. 하지만 갱 안에 가스가 차면 램프가 폭발하는 바람에 수많은 광부들이 목숨을 잃었다. 이를 안타깝게 여긴 교구 목사와 그 요청을 받은 데이비 교수는 수많은 실험과 연구를 거친 끝에 안전등을 발명하였다.

나의 발견들 중에서 가장 중요한 것은 나의 실패로부터 배운 것이다.
－험프리 데이비

"뭐라고요? 패러데이 선생님, 저, 저게 무슨 말이에요? 거짓말이죠?"

하지만 패러데이는 자신을 쳐다보는 케미를 차마 마주보지 못하였다. 그 모습에서 케미는 슈탈의 말이 사실임을 깨달았다. 하늘이 무너지는 것 같은 절망감이 밀려왔다.

"선생님, 어쩜 그럴 수가 있어요. 그럼 여태까지 저희를 이용하신 건가요?"

마리가 끼어들었다.

"바로 그거다. 데이비 박사는 우리와 짜고 너희를 속여 보일 박사의 연구 성과를 훔치기로 한거다. 게다가 한 가지 더 말해주지. 케미, 너의 엄마가 어떻게 되셨는지 알고 있나?"

"그, 그만!"

패러데이가 다급한 목소리로 외쳤다.

"아니다, 케미, 저건 거짓말이야. 난 맹세코 리제의 손끝 하나 건드리지 않았다. 비록 네 아빠의 능력을 시기했던 것은 사실이지만 나머지는 절대 아니다. 리제를 납치한 것은 저기에 있는 슈탈이야. 리제가 사라지던 날, 저놈들이 무슨 일인가를 저지를 것 같은 느낌이 들어서 니가 일찍 집으로 가도록 쫓아낸 거였다. 하지만 너무 늦었었지……."

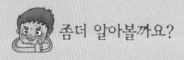

과학사 속의 마이트너Lise Meitner

리제 마이트너는 오스트리아 비엔나에서 태어나 피에르 퀴리와 마리 퀴리의 라듐 발견에 매료되어 원자 물리학을 일생의 연구로 추구하기로 결심하였다. 1906년 그녀는 비엔나 대학에서 물리학 박사학위를 받았다. 2년 후 베를린으로 건너가 오토 한과 프릿츠 슈트라스만과 합류하여 함께 핵분열을 발견하였고 1918년에는 한과 함께 악티늄(원자번호 89)으로 핵분열하는 프로탁티늄(원자번호 91)을 발견하였다. 1938년 유태인이었던 그녀가 독일 나치의 박해를 피해 스웨덴으로 망명하였을 때, 오토 한은 우라늄-235 원자에 중성자를 쏘았을 때 우라늄 원자가 동일한 크기의 입자로 분열된다는 특이한 현상을 발견하고 이 결과를 분석할 것을 그녀에게 의뢰하였다. 이 자료에 근거하여 그녀는 우라늄이 중성자에 의해 분열할 때 내는 에너지를 계산하였고 이 현상을 '핵분열'이라고 명명하였다. 그러나 그녀는 망명 중이라는 것과 여성이라는 점 때문에 오토 한이 노벨상을 수상할 때 함께 하지 못하였다. 노벨상 위원회의 여성 차별에 대해서는 후세까지 두고두고 말이 많았다.

그녀는 자신의 발견을 1939년 영국 『네이처』지에 발표하기까지 하였다. 우라늄 원자는 중성자에 의해 바륨(원자번호 56)과 크립톤(원자번호 36) 원자로 분열되는데, 그때 4.6×10^9 kcal/mol 이상의 에너지를 내었다. 사람들은 핵분열 시 발생하는 이 엄청난 양의 에너지가 군사적 잠재력을 가지고 있음을 알게 되었다. 그리고 미국에서는 최초로 원자 폭탄을 제조하기 위해 '맨하탄 프로젝트'가 시작되었다. 1945년 첫 번째 원자 폭탄이 일본에 떨어졌을 때 그녀는 다음과 같이 말하였다.

"나는 원자를 쪼개는 일을 할 때, 어떤 방법으로도 죽음을 다루는 무기를 생산해야겠다는 생각을 가지고 일하지 않았습니다. 당신들은 전쟁 기술자들이 우리의 발견들을 이용한 방법 때문에 우리 과학자들을 비난해서는 안 됩니다."

케미는 너무 혼란스러워서 머릿속이 터질 것 같았다. 이제까지 힘든 일들을 함께해온 선생님이 적이었다니. 엄마의 실종에도 관련되어 있다니…….

그때 바깥쪽에서 무슨 소리가 들렸다. 마리가 케미에게 현실을 일깨워 주었다.

"케미, 어서 서둘러. 누가 오나 봐."

정말 누군가가 뛰어 오고 있었다. 이윽고 문을 열고 들어온 사람은 복면을 하고 있던 괴한 중의 하나였다. 하지만 그도 역시 케미 일행에게 잡혀 슈탈과 함께 묶이는 신세가 되었다.

"케미, 나를 믿어줘서 고맙다."

"아직 선생님을 완전히 믿는 건 아니에요. 다만 선생님이 아까 우리와 함께 묶여있었던 것으로 보아 아마 슈탈 일당에게 속은 것이 아닌가 하는 생각을 했을 뿐이라고요. 지금은 어서 저 문을 열고 아빠의 물건을 꺼내는 것이 중요하니까 일단 선생님에 대한 생각은 미뤄두겠어요. 하지만 선생님, 분명히 말씀드리는데 선생님은 저 문 안으로 들어가지 못하실 겁니다."

케미는 문을 여는 것이 우선이라고 생각하였다.

"그, 그래. 맞다. 난 슈탈에게 속았던 거야."

"용접기는 어디 있죠?"

패러데이는 지금은 어떤 변명으로도 자신의 죄를 용서 받을 수 없다는 것을 알기에 케미의 의견을 따를 수밖에 없었다.

"용접기는 저기 있다."

이때 슈탈이 이죽거리며 끼어들었다.

"저 용접기는 고장이야. 아직 문을 반도 못 녹였는데 불꽃이 꺼져 버렸다고."

그리고는 고개를 돌려 괴한에게 물었다.

"용접기는 어찌 됐나?"

슈탈의 물음에 복면 괴한은 기어들어가는 목소리로 대답하였다.

"용접기는 여분이 없었습니다. 그래서 가스통만 더 가져왔어요."

"뭐가 어째?"

가장 급한 것은 용접기였다. 마지막 문을 열어야만 하는데, 그건 용접기가 있어야만 가능했다.

"용접기는 고장 난 게 아니야."

용접기가 고장이 난 게 아니라는 말이 패러데이의 입에서 흘러나오자 모두들 의아한 표정으로 그를 쳐다보았다.

"이 용접기는 아세틸렌과 산소의 혼합 기체를 쓰는데, 불꽃이 꺼진 건 어느 한쪽 기체가 먼저 떨어졌기 때문이라고……."

"두 기체를 같은 양씩 쓰이는 게 아니라는 말인가요?"

"그렇지. 케미, 물이 분해될 때 수소와 산소가 같은 양으로 나왔었니?"

"아, 그 그림 기억나요. 수소 쪽의 풍선이 더 컸어요. 수소가 더 많이 나왔어요."

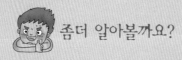

가스용접이란 무엇이죠?

기체가 연소할 때 내는 높은 열을 이용해서 금속의 일부를 녹여 붙이거나 절단하는 방법을 말합니다. 위에서는 금속을 녹여 잘라내는 수단으로 쓰인 것이죠. 주로 사용되는 기체는 아세틸렌, 수소, 프로판, 석탄 가스 등이며, 이 기체들이 잘 탈 수 있도록 산소 기체와 섞어서 불을 붙여 사용합니다. 가능하면 불꽃의 온도가 높은 것이 좋기 때문에 가장 많이 사용하는 것이 산소-아세틸렌 불꽃이랍니다.

아세틸렌과 산소가 용접기 내부에서 적당하게 섞인 상태에서 불을 붙이면 3천~4천℃ 정도로 높은 온도의 불꽃이 생깁니다. 이때 용접 작업에 사용되는 기구를 가스용접기라고 하지요.

"맞다. 산소-아세틸렌 불꽃도 마찬가지야. 같은 양만큼씩 쓰이는 게 아니라고. 산소가 더 많이 쓰여."

"아, 그럼 산소통이 먼저 비었겠고, 그래서 용접기의 불꽃이 꺼진 거구나. 그럼 산소 탱크만 갈아 끼우면 되겠네요?"

케미 일행은 용접기의 산소 탱크를 슈탈의 부하가 가지고 온 것으로 교환하였다. 용접기의 불꽃은 다시 피어올랐다.

"자, 이제 다시 문을 뚫어보자."

용접기를 들고 문을 뚫는 것은 생각보다 힘든 작업이었다. 끙끙대며 한 시간여의 작업을 한 끝에 마침내 사각형 모양으로 문을 뜯어낼 수 있었다.

"와, 이제 마지막 문이 열려!"

감격에 겨운 마리의 말을 들으며 케미는 한 걸음 문 안쪽으로 들어갔다. 마리가 뒤따라 들어오려고 하자 케미는 이를 제지하면서 말하였다.

"마리, 미안한데 나 혼자 아빠를 만나보고 싶어. 넌 선생님과 함께 여기서 저 아저씨들을 감시해줘. 부탁이야."

"알았어. 마지막까지 조심해야 해."

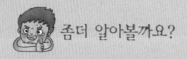 좀더 알아볼까요?

돌턴과 게이뤼삭과 아보가드로

영국의 돌턴은 처음으로 원자설을 주장한 사람입니다. 하지만 원자설은 프랑스의 게이뤼삭이 발견한 기체 반응의 법칙으로 인해 위기에 처합니다. 기체 반응의 법칙은 기체들이 반응할 때 일정한 부피비로 결합한다는 것으로, 앞의 용접기 불꽃이 꺼진 이유에서도 나온 현상이지요. 그런데 고지식했던 돌턴은 자신의 원자설로 그 현상이 설명되지 않자 기체 반응의 법칙을 무시해버린답니다. 그것을 해결한 사람은 이탈리아의 아보가드로라는 사람이었습니다. 그는 기체들이 원자로 이루어져 있지만 사실은 원자들이 몇 개 모여서 이루어진 분자로 존재한다고 가정을 하고 부피비가 일정하게 나타나는 현상을 설명했습니다. 즉, 기체 반응의 법칙은 원자에서 분자로 넘어가는 중요한 계기를 제공해준 것입니다. 돌턴이 조금만 넓은 마음으로 생각했었더라면 어떻게 되었을까요? 좀더 위대한 학자가 될 수 있었겠지요?

아빠를 만나다

문 안에 들어선 케미의 눈에 컴퓨터가 들어왔다. 떨리는 손으로 컴퓨터를 켜자 암호를 입력하라는 문장이 떴다. 케미는 자신의 이름을 쳤다. 그러나 케미의 이름은 암호가 아니었다.

'내 이름이 아니라면 뭐지?'

케미는 퍼뜩 알케미 동굴에서 받았던 지도가 떠올랐다. 소중하게 주머니 속에 간직해둔 지도를 꺼내자 '영원의 불꽃' 이라는 제목이 눈에 들어왔다. 그 단어를 치자 드디어 시스템이 돌아가기 시작하였다. 시스템 내부에는 건물 전체를 제어할 수 있는 프로그램이 작동되고 있었다. 건물 안으로 누군가가 들어오고 있는 것을 본 케미는 즉각 건물의 문들을 전부 폐쇄하였다. 모니터에는 건물 내부의 구석구석이 전부 비춰지고 있었다. 마리와 패러데이가 슈탈과 그 부하를 지키고 있는 것까지도.

이제 케미는 하드디스크를 검색하기 시작하였다. 뭔지는 모르겠지만 분명 아빠의 연구 결과가 들어있을 터였다. 아까 나타났던 아빠로부터 좀더 많은 정보를 얻었더라면 좋았을 텐데, 아빠의 홀로그램은 더 이상 나타나지 않고 있었다. 마음속으로 아빠를 보고싶다는 생각을 하던 케미의 눈에 문득 이상한 것이 띄었다. 컴퓨터 본

173

체의 아래쪽에 열쇠 구멍이 있는 것이다. 케미는 열쇠 구멍을 본 순간 반사적으로 목을 어루만졌다. 알케미 동굴에서 지도와 함께 얻었던 열쇠를 목걸이로 만들어서 걸고 있었던 것이다.

'부디 맞기를……'

목걸이를 풀어 열쇠를 넣어 돌리는 케미의 손은 가늘게 떨리고 있었다. 열쇠가 돌아가고 잠시 후 문득 뒤쪽에 누군가가 있는 것 같은 기분이 든 케미는 뒤쪽을 돌아보았다. 아니나 다를까. 거기엔 문 밖에서 보았던 것과 같은 아빠의 홀로그램이 있었다. 하지만 처음 나타났을 때와는 달리 표정이 매우 어두워 보였다.

"아, 아빠!"

"이건 밖에서 무슨 일이 생길 경우를 대비해서 만든 2차 홀로그램이다. 부디 이것이 작동할 일이 없었으면 했지만 불행하게도 이렇게 되었구나. 내 짐작이 맞다면 넌 아마 내 친구 데이비와 함께 이곳에 왔을 테고, 슈탈 일당의 공격을 받았겠구나. 하지만 염려마라. 이 시스템은 네가 아니면 절대로 돌아가지 않는 것이야.

이제부터 내 말을 잘 들어야 한다. 시스템을 돌리기 위해서는 암호를 쳐야 하는데, 암호는 '영원의 불꽃'이다. 만약 이미 시스템이 돌아가기 시작했다면 넌 내 아들 자격이 충분하구나. 내 취미는 시스템 해킹과 폭탄 만들기였거든. 아마 여기까지 오면서 다양한 불꽃을 보았을 거다. 사실 네가 여태까지 헤쳐온 것은 실제가 아닌 '가상 현실'이었다. 이 시스템을 지키기 위해 만들어진 일종의 보호막이지.

그래서 과제를 해결하고나면 과제의 흔적이 없어지는 거였다.

왜 그런 과제를 냈냐고? 그야 네가 내 아들이니까 그랬지. 덕분에 아빠가 어렸을 때 하던 장난들을 많이 따라해보지 않았니? 내가 그런 장난을 할 때면 가장 좋아하면서도 힘들어했던 친구가 바로 데이비였다. 케미야, 데이비는 좋은 사람이니까 미워하지 마라. 난 이렇게 한적한 곳에서 열심히 연구를 하여 내 연구를 완성할 수 있었단다.

뭘 연구했냐고? '영원의 불꽃'을 만들었지. 그건 모든 이들의 꿈인 핵융합을 성공시켰다는 거다."

'핵융합? 그게 도대체 뭐지?'

케미의 마음속에 떠오른 의문을 알아차리기라도 한 듯 아빠의 홀로그램은 미소를 지었다.

"핵융합이란 작은 원자들이 결합해서 큰 원자가 되는 현상을 말한다. 중요한 것은 수소가 결합해서 헬륨이 되는 반응이지. 이 반응에서 엄청난 에너지가 나오거든."

에너지를 절약하자는 말을 많이 듣고 자랐던 케미는 엄청난 에너지가 나온다는 말에 귀가 솔깃하였다.

"사실 이미 핵융합 반응이 일어나는 곳이 있단다. 바로 태양이지. 태양의 막대한 에너지를 여기에서도 만들어보자는 거야. 인공 태양을 만드는 데 가장 큰 걸림돌은 바로 엄청나게 높은 온도가 유지되어야 한다는 거였다. 그래서 초기 연구자들은 높은 온도를 얻기 위해 핵분열을 일으키는 방법을 썼지. 난 낮은 온도에서도 핵융합을 일으킬 수 있는 방법을 연구하기 시작했다. 워낙 불꽃에 관심이 많던 터라 꺼지지 않는 영원의 불꽃을 만든다는 것은 나의 꿈이었지. 물론 엄청나게 많은 실패가 있었다.

그 와중에 누군가가 내 중간 연구 결과를 훔쳐가서 몰래 발표하는 소동도 있었지. 그 사람은 단 한번도 실험을 해보지 않고 그걸 발표해버렸다. 상온 핵융합이 성공한 거라는 둥 엄청난 소란이 일어났어. 하지만 그 실험을 따라해본 사람들은 그게 거짓이라는 것을 알아차렸지. 그 결과 그는 학계에서 추방되었다."

'그 사람이 바로 슈탈이었군요.'

"그가 바로 슈탈이었다. 그 일로 슈탈은 나에게 앙심을 품었지. 난 생명의 위협을 느꼈고, 안전을 위해 너와 리제를 사이언랜드로 보냈다. 그리고 연구를 계속한 결과 얼마 전 드디어 상온 핵융합을 일으키는 데 성공했어. 이제 남은 것은 이 결과를 들고 돌아가는 거야. 하지만 그렇게 하기는 어려울 것 같구나. 아마 네가 이것을 보고 있을 땐 난 이미 이 세상 사람이 아닐 거야. 너와 리제에게는 정말 많은 죄를 지었구나. 난 그동안 리제에게 연락할 일이 있을 때면 알케미 동굴을 이용하곤 했었다. 그런데 최근에 누군가 외부인이 들어온 흔적이 있더구나. 그래서 그곳을 폐쇄하기로 결정했다. 아마 네가 떠나온 이후 동굴은 무너졌을 게다. 혼자 힘들게 너를 키웠을 리제 생각을 하면 정말 미안하기 짝이 없구나. 마지막으로 보았을 때 무척 야위었었는데……."

엄마에 대한 이야기를 하면서 아빠는 목이 메이시는 것 같았다.

"내가 살아있다고 거짓말을 한 것은 내가 연구한 결과를 다른 사람이 아닌 네 손에 넘기고 싶어서였다. 내 기대를 저버리지 않고 여기까지 왔으니 장하구나. 이제 컴퓨터 안에 들어있는 CD를 가지고 사이언랜드로 돌아가도록 해라. 네가 CD를 빼내는 순간부터 이곳의 제어 프로그램이 작동하여 5분 이내에 이곳은 흔적도 없이 파괴될 거다. 어서 돌아가라. 그리고 연구 결과가 나쁜 사람들의 손에 들어가지 않도록 조심해라."

이 말을 끝으로 홀로그램은 사라졌다. 그러나 아빠의 홀로그램이 사라진 뒤에도 한동안 케미는 정신을 차릴 수가 없었다.

'아빠가 이미 돌아가셨다니……. 아빠를 만날 수 있다는 희망으로 여기까지 온 나는 이제 어쩌란 말이야.'

하지만 그렇게 멍하니 앉아 있던 케미의 눈에 건물 바깥 쪽에 접근하고 있는 사람들의 모습이 들어왔다. 케미는 그것을 보고 마음을 다잡았다. 이젠 더 이상 망설일 시간이 없었다. 조심스럽게 CD를 꺼내자 곧바로 경보음이 울리기 시작했다.

삐익 삐익 삐익, 폭발 5분 전입니다.

케미는 문 밖으로 뛰어나가 경보음을 듣고 어리둥절하고 있는 사람들을 향해 소리쳤다.

"어서 나가요, 여긴 곧 폭발한다고요!"

"케미, 그게 무슨 말이냐?"

"아빠가 그렇게 만들어 놓았어요. 시간이 없어요, 서두르세요."

패러데이는 못 믿겠다는 듯이 방 안으로 들어갔다. 잠시 후 밖으로 나온 패러데이의 얼굴은 파랗게 질려있었다.

"어서 나가. 어서! 이 건물은 곧 무너질 거야."

"이봐, 우리도 살려주게. 우리도 나가게 해줘!"

아까의 비열한 모습과는 딴판으로 슈탈이 비굴하게 애원하였다.

케미는 멈칫하였다. 그들이 아무리 나쁜 짓을 했다고 해도 이렇게 죽도록 내버려둘 수는 없었다. 슈탈 일당의 밧줄을 풀어주자 그들은 꽁지가 빠지게 달아나기 시작하였다. 뒤를 이어 케미 일행도 필사적으로 뛰었다. 잠시 후 그들은 건물 바깥으로 나가는 데 성공하였다. 하지만 건물 밖으로 나간 것만으로는 안전하지가 않았다. 케미 일행은 건물에서 최대한 멀리 떨어지기 위해 죽을 힘을 다해 뛰었다.

잠시 후 거대한 폭발음이 들렸다.

콰콰콰 쾅!

케미는 자기도 모르게 뒤를 돌아보았다. 건물은 화염에 휩싸여 무너져 내리기 시작하였다.

"아빠, 아빠!"

참았던 눈물이 흘러내리기 시작하였다. 주저앉아 울고 있는 케미를 보며 패러데이도 남몰래 눈물을 훔쳤다.

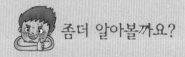

좀더 알아볼까요?

핵융합이란?

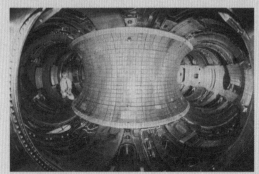

프린스턴 대학교에 설치되어 있는 토카막 핵융합로 내부.

핵융합이란 두개의 핵이 합해져서 더 큰 핵을 만드는 것입니다. 대부분의 별 내부에서는 수소 핵이 결합하여 헬륨으로 융합되는 반응이 이루어지고 있답니다. 그래서 별은 반짝 반짝 빛과 열을 낼 수 있는 거지요. 핵융합이 일어나기 위해서는 핵들 사이의 반발력을 극복하고 충돌할 수 있을 만큼의 고온(1억℃)이 필요합니다. 별의 내부에서는 충분히 높은 온도가 유지되지만 아직 지구상에서는 충분하지가 않아요. 그래서 현재의 핵융합은 핵분열로 인해 발생하는 막대한 에너지를 이용하여 시도하고 있답니다. 핵융합을 하면 뭐 하느냐고요? 무공해인 태양 에너지를 무한정 얻을 수 있는 거라고 생각하면 되요. 에너지를 맘껏 쓸 수 있고, 환경 오염도 없는 꿈의 에너지원이지요.

에필로그

　오늘은 폴링 스쿨의 전통 행사인 바리케이트 경연대회가 열리는 날이다. 이날 모든 바리케이트를 부수고 방에 들어가는 사람은 그 해의 제왕이 되어 학교 건물의 벽에 자신의 이름과 얼굴을 남길 수 있는 명예를 얻는 것이므로 학생들의 열기는 하늘을 찌를 듯 했다.

　리그전으로 치러진 예선을 통과해 본선에 올라온 두 팀 앞에는 데이비 교수가 만든 난공불락으로 알려진 문이 놓여있었다.

　"자, 이제 각자 알아서 문을 열어보자고."

　시작을 알리는 소리에 주변에 몰려든 학생들은 구경을 하느라 북새통을 이루고 있었다. 패러데이, 아니 데이비 교수는 옆 건물의 창문을 통해 그것을 흥미롭게 내려다보고 있었다.

　"자, 올해는 어떤 인물들이 결승에 올라왔는지 한번 볼까?"

　망원경으로 학생들의 얼굴을 살펴보던 데이비 교수는 입가에 미소를 띠었다.

　"어디, 나도 좀 보세. 올해 유력한 우승자는 누군가?"

　옆에 있던 보일 교수가 망원경을 빼앗아 살펴보았다. 그의 입가에도 흐뭇한 미소가 피어올랐다. 슈탈의 본거지에서 리제가 구출되고 며칠이 지난 후 보일이 갑자기 사이언랜드에 나타나 모두를 놀라게 만들었다. 그는 슈탈 일당이 찾아올 것을 예상하여 자신이 죽은 것으로 믿게 하기 위해 거짓말을 한 것이었다며 케미에게 용서를 구했다.

"역시, 내 아들이군. 데이비, 자네가 만든 문이 아무리 열기 어렵다고 하나 내 아들에게는 못 당할 걸세."

"글쎄, 천하의 케미라도 이번은 좀 어려울걸? 내가 저걸 만드느라 1주일 동안 얼마나 고생했는지 아나?"

데이비는 문을 잠그는 방법을 고안하느라 꼬박 일주일을 바쳤다. 이 문은 연결된 관 내부의 기체의 압력이 어느 정도 이상으로 커지면 자동으로 열리게 되어있는 구조였으며, 관의 반대쪽 끝에는 다이아몬드가 들어있었다. 즉, 문을 열려면 다이아몬드가 타서 기체가 발생하여야 하는 것이다.

잠깐 퀴즈

다이아몬드를 태워라.

다이아몬드의 성분이 무엇인지 아시나요? 바로 탄소(C)랍니다. 숯하고 똑같은 성분이라는 것이죠. 숯이 타는 것은 숯불 갈비집에서 많이 보셨을 거예요. 그러면 같은 성분으로 된 다이아몬드도 탈 수 있지 않을까요? 물론 숯을 태우는 것에 비하면 힘들겠지만요. 그래요, 분명 다이아몬드도 탈 수 있답니다. 어떻게 하면 다이아몬드를 태울 수 있을까요?

창 밖에는 머리를 맞대고 문을 열 방법을 의논하고 있는 한 쌍의 남녀가 보였다.

"케미 네가 아무리 과제 해결과 문 열기의 도사라고 해도 이번 문은 쉽지 않을 것이다."

그러나 이런 데이비의 예상을 비웃듯이 잠시 후 학생들의 함성 소리가 터져 나왔다.

"아니, 이런 벌써 해결했단 말인가?"

케미와 마리는 벌써 문 안쪽으로 들어가고 있었다. 그 안에는 데이비 교수가 미리 마련해둔 선물이 들어있을 터였다.

"흠, 30분이라. 이만하면 내 연구 파트너가 될 자격이 충분하겠어. 이봐, 보일. 난 약속대로 케미를 잘 가르쳤네. 이젠 날 용서해주겠지?"

학교를 빠져나가는 데이비와 보일의 등 뒤로 오후의 햇살이 눈부시게 비치고 있었다.

잠깐 퀴즈의 정답입니다.

다이아몬드를 태우는 방법이 궁금하시다고요? 다이아몬드는 워낙 구조가 단단하기 때문에 그냥 대충 가열해서는 태울 수가 없답니다. 그래서 잘 탈 수 있도록 여러 가지 장치를 동원해야 하죠. 일단 다이아몬드를 토치 불꽃으로 빨갛게 달아오를 때 까지 가열을 합니다. 그리고 나서 100퍼센트 산소(공기 중은 산소가 21퍼센트뿐이니 액체 산소 속에다 넣는 거예요) 속에 던져 넣습니다. 그러면 다이아몬드가 빠작빠작 불꽃을 내며 타는 것을 볼 수 있어요. 타는 다이아몬드 주변에 생기는 기포들의 정체는 뭘까요? 예, 맞아요. 탄소가 탔으니 이산화탄소 기체가 된 것이죠. 그 찬란한 다이아몬드도 타고나면 한낱 이산화탄소가 되어 날아가 버린답니다.

화학 선생님의 마지막 한 말씀

에피소드 1

 내 학창 시절에는 실험을 거의 안했다. 그래서 한두 번 했던 실험이 강렬하게 뇌리에 남아 있다. 그 중 가장 기억에 남는 실험은 화학반에서 했던 염소 기체 발생 실험이다. 집기병 안에서 뭉게뭉게 피어오르던 연노랑의 기체, 그 안에서 색깔이 바래가던 꽃잎. 모두 머리를 맞대고 그걸 쳐다보고 있었는데 이상하게 자꾸 어지럽고 메슥거렸다. 나만 그런가 싶어 주변 친구들을 둘러보니 친구들의 눈동자도 게슴츠레했다. 잠시 후 사태의 심각성을 깨달은 화학 선생님의 한마디.

 "어서 나가자!!"

 우린 모두 비틀거리며 밖으로 달려 나왔다. 신선한 공기를 들이마시며 염소 기체가 독가스임을 온몸으로 기억하게 되었다. 다음 해, 특별활동반을 등록할 때 나는 영어회화반을 선택했다.

에피소드 2

아이들이 가장 좋아하는 실험은 화약 만들기이다. 특히 남학생들의 화약에 대한 집착은 아무도 못 말린다. 그래서 발령 초기, 가장 기본적인 '흑색 화약 만들기 실험'을 했다. 이런저런 주의점과 함께 실험을 시작했는데, 갑자기 뒤편 테이블에서 "으악!"하는 비명 소리가 들렸다. 놀라 뛰어가 보니 화약 만드는 재료를 가열하다가 너무 뜨거워지자 화약이 폭발한 것이었다. 유리 막대를 쥐고 있던 남학생은 그 충격으로 약간 멍해진 상태였다. 난 그 아이를 어서 집에 가라고 돌려보냈다. 다음 날 그 아이는 온 얼굴에 붕대를 칭칭 감고 학교에 나왔다. 그 모습을 본 나는 왜 그리 웃음이 나던지……. 아이들과 함께 실컷 웃었다. 뭣 모르는 풋내기 교사를 어여삐 보아주신 그 학생의 부모님께 뒤늦은 감사를 드린다.

에피소드 3

아이들과 함께 저녁 늦게까지 남아 실험을 했다. 그런데 그 실험이 별로 재미가 없었다. 밤늦게까지 남아 실험하던 아이들에게 조금 미안한 마음이 들어 "애들아, 내가 재밌는 실험 하나 보여줄게"라고 했다. 순간 아이들의 눈이 초롱초롱 빛났다. 난 수조에 물을 담고 금속 나트륨 조각을 작게 잘라 물에 넣었다. 나트륨 조각은 금세 물과 반응하여 쉭쉭거리면서 동그랗게 되어 물 위를 마구 돌아다녔다. 그런데 그게 끝이었다. 아이들은 시시하다고 아우성을 쳤다. 난 무식하고 용감 하게시리 엄지 손톱만한 크기로 나트륨을 잘라 물에 넣었다. 잠시 후 수조 위로 모두 머리를 맞대고 있을 때 '뻥' 하고 폭발이 일어났다. "수돗물에 씻어, 어서!!!" 난 소리를 지르며 수돗가로 달려갔다. 머릿속에는 온갖 불길한 생각이 스치고 지나갔다. 양잿물을 뒤집어 쓴 피부는 단백질이 조금 녹아 미끈거렸다. 다 씻고 나서 아이들을 불러 모았다. 다행히 가장 가까이서 뒤집어 쓴 아이는 안경을 끼고 있었다. 그리고 다들 살아있었다 (^^;;). 이제 나는 이런 실수를 다시는 하지 않는다. 다만 운동장에서 큰 고무통에 물을 받아 놓고 엄지손톱의 10배 정도 되는 나트륨 덩어리를 던질 뿐이다. 주변에 멀찍이 떨어져서 그 폭발을 보는 아이들은 이렇게 합창을 한다. "한 번 더! 한 번 더!!"

솔직히 고백하건대 내가 화학의 묘미를 알게 된 것은 교사가 되고 난 다음이었다. 이렇게 재미있고 즐거우며 멋진 실험들이 많은 걸 왜 진작 몰랐단 말인가. 특히, 불꽃과 폭발은 실험을 하는 사람에게도 보는 사람에게도 즐거움과 가슴 설렘을 주는 테마이다. 그래서 케미와 마리의 모험 주제를 불꽃과 폭발로 정했다. 또한, 멋진 선배 과학자들을 알아주기를 바라는 마음에 주인공 케미를 제외한 등장인물의 이름은 실제 과학사에 등장하는 과학자들에게서 따왔다. 이 책에 들어간 각 실험들은 그 동안 여러 번 해보았던 실제 실험들이며, 케미와 마리가 겪는 각 관문의 과제들은 이 실험들을 모티브로 하여 만든 것이다. 화학 거부 증상을 보이는 친구들에게 실험의 즐거움을 선사할 수 있기를 바라는 마음에서였다. 말로만 하는 화학이 아니라 실제로 살아 숨쉬는 화학의 세계를 보여주고 싶은 욕심에 쓴 이 책이 화학을 친근하게 느낄 수 있는 계기가 되었으면 좋겠다.

사진 출처

(쪽수, 사진, 출처순)

알케미 동굴의 비밀 지도와 영원의 불꽃

펴낸날   초판 1쇄 2004년 11월 30일
        초판 7쇄 2013년 11월 14일

지은이   전화영
펴낸이   심만수
펴낸곳   (주)살림출판사
출판등록 1989년 11월 1일 제9-210호

주소   경기도 파주시 문발동 522-1
전화   031-955-1350   팩스 031-624-1356
홈페이지 http://www.sallimbooks.com
이메일   book@sallimbooks.com

ISBN   978-89-522-0313-7   43430